ISSN 0003-9306

AKADEMIE DER LANDWIRTSCHAFTSWISSENSCHAFTEN
DER DEUTSCHEN DEMOKRATISCHEN REPUBLIK

ARCHIV FÜR NATURSCHUTZ UND LANDSCHAFTS-FORSCHUNG

AKADEMIE-VERLAG · BERLIN

HEFT 2 · 1981 · BAND 21

Arch. Naturschutz u. Landschaftsforsch. · Berlin 21 (1981) 2, S. 53–110

EVP: 5,— M

31030

Inhalt

Содержание

Contents

Arch. Naturschutz u. Landschaftsforschung, Berlin **21** 1981, 2, S. 53—66 **ISSN 0003-9306**

Martin-Luther-Universität Halle-Wittenberg
Lehrstuhl landwirtschaftliche Meliorationen
Akademie der Landwirtschaftswissenschaften der DDR
Institut für Landschaftsforschung und Naturschutz Halle

GUNTER NITZSCHE; UWE WEGENER

Der Stickstoffeintrag in Oberflächengewässer unter besonderer Berücksichtigung der Beregnung und der Anlage von Schutzstreifen

1. Einführung

In den vergangenen Jahren ist die Stickstoffdüngung zu einem der Hauptintensivierungsfaktoren in der Landwirtschaft geworden. Der Stickstoffeinsatz je Hektar erhöhte sich von 1960 bis 1978 von 37 auf 125 kg/ha. Die Erhöhung der Stickstoffdüngung vollzog sich bei gleichzeitiger Ausdehnung der Beregnungsfläche um jährlich 1—1,2% der LN. Damit wird die gesamte Bewässerungsfläche der DDR bis 1980 auf über 1 Million Hektar ansteigen (KUNDLER und KAPPES 1977).
Obwohl der erhöhte Stickstoffeinsatz zu einem Teil durch die Produktionssteigerung in der Pflanzenproduktion wieder abgeschöpft wird, nimmt in vielen Einzugsgebieten die N-Konzentration im Gewässernetz der DDR zu. Die Stickstoffauswaschung aus landwirtschaftlich genutzten Böden wird häufig durch eine verstärkte Durchsickerung beschleunigt.
Vom Grundsatz her ist es sowohl das Ziel der Landwirtschaft als auch der wasserwirtschaftlichen Nutzung, N-Verluste zu vermeiden. Über die tolerierbaren Verlustraten gehen die Meinungen jedoch auseinander. Während bei der Trinkwassergewinnung die Richt- und Grenzwerte für Nitratkonzentration klar definiert sind (TGL 22433), fehlen im Bereich der Landwirtschaft Grenzwerte über die maximale Nitratkonzentration des Sickerwassers landwirtschaftlich genutzter Böden besonders in Trinkwasser-Schutzgebieten. Die toxischen Wirkungen verschiedener Stickstoffverbindungen, besonders inform des Nitrits, Nitrats und als N-Nitrosoverbindungen für Mensch und Tier sind inzwischen unbestritten (HÖRING, 1979; ISHIWATA et al. 1975). Stickstoffhaltiges Trinkwasser muß, auch wenn die Grenzwerte nicht erreicht werden, als wertgemindert gelten.

2. Problematik der Stickstoffeinspülung in Oberflächengewässer

Nur ein geringer Teil des N-Bodenfonds liegt in löslicher Form vor. Der überwiegende Teil ist in der organischen Substanz des Bodens so gebunden, daß die Auswaschung gering ist. Durch Bewirtschaftungsmaßnahmen insbesondere bei fehlendem Erosionsschutz, mangelnder Humusversorgung, weiterer N-Zufuhr und Veränderungen des Wasserhaushaltes kann sich die Auswaschung erheblich verstärken. Wird der Stickstoff in Zeiten stärkerer Durchsickerung unter die Wurzelzone gespült (Einwaschungsphase), so ist ein Entzug kaum mehr möglich. Ein Teil des Stickstoffs wird zwar in der Bodensäule gespeichert, der übrige Teil unterliegt aber der Auswaschung in das Fließgewässernetz oder in das Grundwasser (Auswaschungsphase).

Die Auswaschungsverluste werden vor allem begünstigt durch:
- eine starke Perkolation des Bodenwassers besonders in leichten Böden
- eine Nitratanreicherung im Boden durch Düngemittel-N und die Nitrifizierung des gebundenen Stickstoffs
- die N-Düngung in Zeiten der Vegetationsruhe
- eine unzureichende Bilanzierung von organischer und mineralischer N-Gabe
- zu hohe N-Gaben (KUNDLER 1970).

Mit zunehmendem Stickstoffgehalt im Boden sinkt die Ausnutzung des Düngemittelstickstoffs, während gleichzeitig die Auswaschung besonders unter reichlichem Wasserangebot in nicht staunassen Böden zunimmt. Diese Gefahr besteht in der Landwirtschaft namentlich bei intensiv gedüngten lückigen Pflanzenbeständen und reichlicher Beregnung. Sie ist auch auf optimal bewirtschafteten Flächen außerhalb der Vegetationszeit vorhanden, jedoch durch landwirtschaftliche Maßnahmen zeitweise steuerbar.

Innerhalb von Talsperreneinzugsgebieten gelangt der Stickstoff über das Fließgewässernetz in den Staukörper. Während in den Fließgewässern ein begrenzter biologischer Entzug möglich ist, beschränken sich die Maßnahmen im Speicher bei Vorliegen kritischer Grenzwerte auf kostspielige technische und biologische Verfahren, deren Erfolg nicht immer sicher ist (MAŃCZAK und SZYMANSKA 1976):

- das Belebtschlammverfahren zum N-Entzug,
- die Denitrifikation in Unterdruckkammern,
- Stickstoffentzug mit Hilfe des Sauerstoffakzeptors Methylalkohol
- Überleitung des Wassers in Oxydationsteiche
- Stickstoffentzug mit Hilfe der Algenfiltration.

Im stickstoffangereicherten Grundwasser sind den Entzugsmöglichkeiten noch engere Grenzen gesetzt als im Oberflächenwasser. Die Landwirtschaft besonders in Trinkwasserschutzgebieten hat daher die landeskulturelle Aufgabe Stickstoff nicht zum Produktionsfaktor im Gewässer werden zu lassen.

3. Zielstellung und Versuchsmethodik

In den Jahren 1966 bis 1971 wurden vom Lehrstuhl landwirtschaftliche Meliorationen der Martin-Luther-Universität in Zusammenarbeit mit dem Zentrallabor des VEB Fernwasserversorgung Elbaue — Ostharz Versuche zur Nährstoffrückhaltung auf landwirtschaftlichen Flächen durchgeführt. Sie hatten unter anderem das Ziel die Zusammenhänge zwischen den einzelnen zur Eutrophierung führenden Prozessen in einem Einzugsgebiet aufzuklären, um Voraussetzungen für algorithmierbare Modelle der Güteprognose für den Stickstoff in Gewässern landwirtschaftlich genutzter Einzugsgebiete zu schaffen.[1]
Von 1973 bis 1975 konnten diese Ergebnisse im Einzugsgebiet der Weida — Zeulenroda im wesentlichen bestätigt werden. Bezogen auf die in dieser Arbeit behandelte Problematik wurden am Versuchsstandort Stiege (Harz) folgende Parameter untersucht:
- die Höhe des N-Abtrages (Auswaschung und Oberflächenabtrag) von beregneten Parzellen bei unterschiedlicher Düngung und Nutzung

Unser Dank gilt besonders Herrn Prof. Dr. sc. K. DÖRTER für seine Anregungen zur Versuchsdurchführung, gleichermaßen Herrn Dipl.-Biol. E. BEUSCHOLD, der mit seinem Kollektiv die umfangreiche Analytik der Wasserproben bewältigte und uns mit zahlreichen Hinweisen zur Versuchsauswertung zur Seite stand. Ebenfalls danken wir dem Forschungskollektiv des Lehrstuhls landwirtschaftliche Meliorationen in Wienrode für die Mitwirkung bei der technischen Aufbereitung des Materials.

— die Konzentration des N-Gehaltes im Sickerwasser
— die mögliche Filterwirkung von Wiesenschutzstreifen als N-Barrieren
— in der Praxis anwendbare Möglichkeiten, zur Verminderung der N-Verluste.

In den folgenden Jahren bis 1979 konnten die Arbeitsergebnisse durch Literaturstudien weiter ergänzt und verallgemeinert werden.

Zur Durchführung der Versuche dienten drei Parzellenanlagen (Abb. 1) im Einzugsgebiet der Rappbodetalsperre

A Fünf Parzellen mit Ackernutzung und unterschiedlich breiten Schutzstreifen
B Sechs Parzellen unter Grünlandbewirtschaftung mit ebenfalls variablen Schutzstreifenbreiten
C Eine Grünlandparzellenanlage mit unterschiedlichen Nutzungs- und Düngungsstufen sowie unterschiedlich behandelten Schutzstreifen.

Die Parzellengröße betrug 30 m². Die Parzellen wurden mit Hilfe von in den Boden eingelassenen Brettern getrennt, um ein seitliches Verschlämmen zu verhindern. Am unteren Rand der Parzellen befanden sich Aufnahmerinnen und Gefäße für die Entnahme des Oberflächenwassers. Die Entnahme des Sickerwassers erfolgte in einem 2 m tiefen Sammler unterhalb der Parzellen.

Zu Vergleichszwecken standen zwei randomisierte Versuchsanlagen mit je 36 Parzellen ohne Zusatzberegnung zur Verfügung. Am Standort wurden im langjährigen Mittel 772 mm Niederschlag bei Jahresmitteltempera-

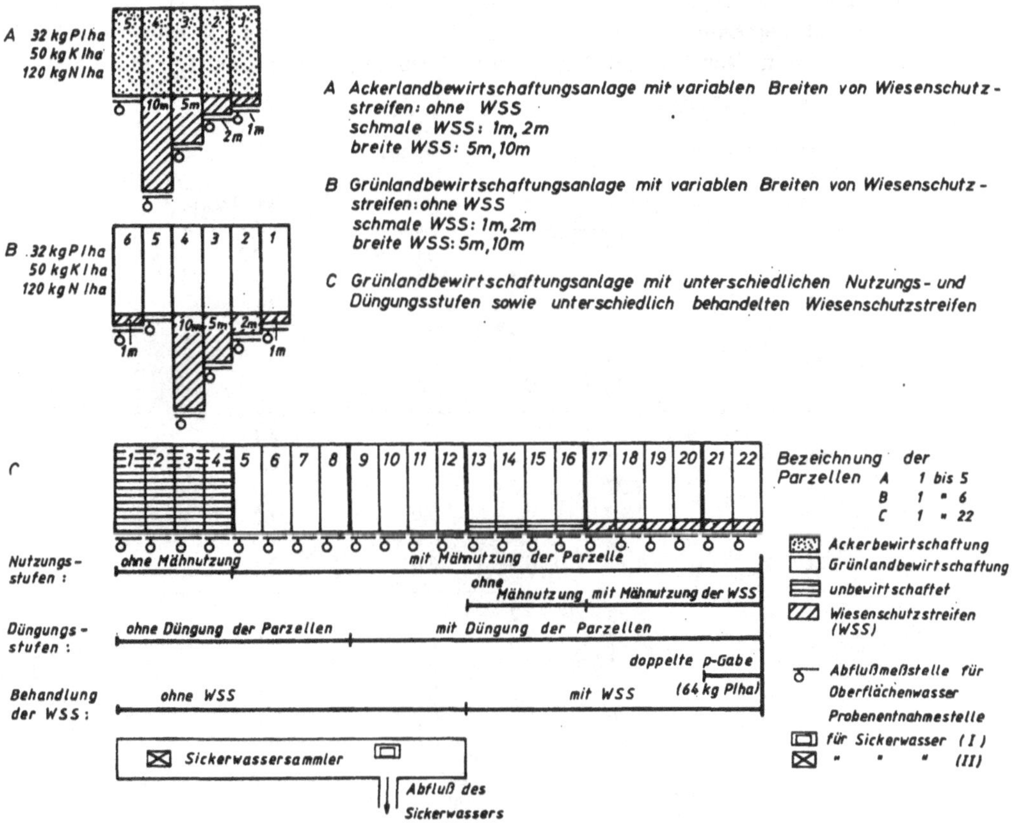

Abb. 1: Übersicht der Versuchsanlagen zum Nährstoffabtrag

turen von 6,1 °C gemessen. Im Versuchsgebiet kommen als Hauptbodenformen: Berglöß/Schuttlöß über Schuttbraunerde und Berglöß über Lehmschutt-Hangamphigley vor. Eine dedaillierte Abhandlung der Standortbedingungen findet sich bei NITZSCHE (1973). Die Zusatzregenmengen wurden während insgesamt 58 Beregnungseinsätzen von 25—364 mm gestaffelt.
Während die Regenmengen im unteren Bereich, von 25 bis 50 mm praxisrelevant sind, bzw. Starkregenereignissen in der Natur entsprechen, dienten hohe Zusatzregenmengen der Erzielung von meßbaren Abflüssen und der Bestimmung der Abflußganglinien. Sie sind auf die Verhältnisse in der landwirtschaftlichen Praxis nur begrenzt übertragbar. Folgende Stickstoffparameter im Wasser wurden untersucht: Nitrat (NO_3^-), Nitrit (NO_2^-) und Ammoniak (NH_4^+).

4. Der Stickstoffabtrag unterschiedlich behandelter Parzellen bei Beregnung

Im Versuchsprogramm wurde sowohl der Oberflächenabfluß, der während hoher Zusatzwassergaben und bei Starkniederschlägen zu erwarten war, als auch die im Sickerwasser abfließenden N-Mengen erfaßt. Bedingt durch die Tiefe des Staukörpers (verdichtete Grauwacken-Schuttdecke) war ein zunächst geplantes parzellenweises Auffangen des Sickerwassers nicht möglich (siehe Abschnitt 4.5.).

4.1. Der N-Abtrag von ungenutzten Parzellen (1—4)

Der Pflanzenbestand der Parzellen 1—4 (Anlage C) wurde über 5 Jahre weder gedüngt noch gemäht. Besonders der Beregnungs- und Regenwasserabfluß wies gegenüber den übrigen Varianten mit 4,2—4,5 mg/l N relativ hohe Konzentrationen aus (Tab. 1). Die Konzentration im Schmelzwasserabfluß war zwar gegenüber Beregnungs- und Regenwasserabfluß deutlich erhöht, lag im Vergleich zu den übrigen Varianten im mittleren Bereich.

Tabelle 1
Mittelwerte der Stickstoffkonzentration (in mg N/l) der Versuchsanlage C

	Varianten	NH_4	NO_3	NO_2	Ges. anorg. N
I	1— 4	2,33	2,1	0,0	4,4
	5— 8	0,68	0,6	0,0	1,3
	9—12	1,33	1,8	0,0	3,1
	13—16	1,63	1,2	0,0	2,8
	17—20	1,03	1,5	0,0	2,5
	21—22	0,83	0,5	0,0	1,3
II	1— 4	1,58	2,3	0,2	4,1
	5— 8	1,72	2,9	0,5	5,1
	9—12	1,27	2,3	0,1	3,7
	13—16	1,62	0,3	0,0	1,9
	17—20	1,53	0,4	0,0	2,0
	21—22	1,21	0,9	0,0	2,1
III	1— 4	8,33	2,2	0,2	10,5
	5— 8	4,87	2,0	0,0	6,9
	9—12	10,07	5,5	0,3	15,9
	13—16	9,10	15,3	0,1	25,0
	17—20	5,00	1,0	0,0	6,0
	21—22	8,63	2,1	0,0	10,7

I = Beregnungswasserabfluß
II = Regenwasserabfluß
III = Schmelzwasserabfluß

Die N-Abträge der ungenutzten Variante wiesen mit Ausnahme des Schmelzwasserabflusses bedingt durch fehlende Biomasseentzüge höhere Werte aus als bei den sachgemäß gedüngten und genutzten Varianten.
Die Sukzession des Pflanzenbestandes tendierte besonders zum Versuchsabschluß zu einer starken Auflockerung und Umstrukturierung, die sich bei weiterer Entwicklung analog zu den Untersuchungen langjährig ungenutzter Schutzstreifen (Beuschold, Nitzsche, Wegener 1971) in höheren Nährstoffverlusten widergespiegelt hätte.

4.2. Der N-Abtrag genutzter, ungedüngter Parzellen (C 5—8)

Die Konzentration der Beregnungswasserabflüsse lag mit 1,3 mg/l N sehr niedrig und war nur vergleichbar mit der N-Konzentration der Abflüsse stärker mit Phosphor gedüngter Parzellen (bei letzteren wurde der Entzug über die Biomasse mit Hilfe einer P-Düngung von zusätzlich 32 kg/ha stimuliert). Im Gegensatz zum Beregnungswasser war die Konzentration in den Regenwasserabflüssen mit 5,2 mg/l N gegenüber den übrigen Varianten leicht erhöht. Diese Erhöhung kam vorwiegend durch Extremwerte jeweils im November mit 29,2; 51,5 und 101,0 mg/l N zustande. Im Vergleich zu den Werten der gedüngten und genutzten Varianten (C 9—22) wurden nach Beregnungs- und Schmelzwasserabfluß im Mittel um die Hälfte geringere N-Konzentrationen von den ungedüngten Parzellen festgestellt.
Die hohen N-Abträge in der vegetationslosen Zeit weisen auf die Bedeutung einer aktiven Pflanzendecke für Nährstoffentzug und Bodenschutz bei der Verminderung der Eutrophierung hin.

4.3. Der N-Abtrag von gedüngten und genutzten Parzellen (C 9—22)

Erwartungsgemäß traten auch hier höchste N-Konzentrationen mit 6,2—24,9 mg/l N im abfließenden Schmelzwasser auf. Das stimmt im wesentlichen mit den Ergebnissen der Versuchsanlage A überein. Während die N-Abträge der Versuchsanlage C während der Vegetationsperiode deutlich zurückgingen und sowohl bei Regenwasserabfluß als auch während der Zusatzberegnung nur Konzentrationen von 1,3—3,6 mg erreichten lagen die Mittelwerte in der Anlage A in dieser Zeit zwischen 3,2 und 8,1 mg, folglich wesentlich höher.
Gegenüber den ungenutzten Parzellen sind die N-Abträge der bewirtschafteten und gedüngten Varianten im Trend geringer, das betrifft besonders die Abflüsse während der Vegetationszeit unter einem aktiven Pflanzenbestand.

4.4. Der N-Abtrag von gedüngten Ackerparzellen (A 1—5)

Die N-Konzentrationen der ackerbewirtschafteten Parzellen sind von den Konzentrationen der Grünlandparzellen (Anlage B) nicht signifikant unterschieden. Die Ursachen dafür waren überwiegend in der lockeren Bodenstruktur, der günstigen Korngrößenzusammensetzung und dem hohen Humusgehalt der oberen Bodenschicht zu suchen, die für eine gute Wasserinfiltration sorgten. Von den N-Konzentrationen der Anlage C weichen die N-Konzentrationen zwar während der Vegetationszeit (Beregnungs- und Regenwasserabfluß) ab und lagen in dieser Zeit etwa doppelt so hoch als auf dem Grünland, die Schmelzwasserkonzentrationen waren aber annähernd gleich.
Die Unterschiede der Ackerbewirtschaftung zur Grünlandbewirtschaftung zeigten sich

bei unseren Parzellenversuchen vorwiegend im unterschiedlichen Phosphorabtrag (BEUSCHOLD, DÖRTER, WEGENER, 1975).

4.5. Der Stickstoffgehalt im Sickerwasser

Nach Messungen von NITZSCHE (1973) traten 75% (Schwankungsbreite 59—86%) des Beregnungswassers als Sickerwasser in 2 m Tiefe wieder aus. Nur etwa 4% wurden als Oberflächenabfluß ermittelt. Bei einer Zusatzberegnung von 32—105 mm flossen 2—6% des Beregnungswassers als Oberflächenwasser ab. Die restlichen 21% des Beregnungswassers verdunsteten, sickerten unterhalb des Fanggrabens in Gesteinsritzen ab, bzw. verblieben in der Bodensäule. Speziell für den Stickstoffabtrag ist daher der Sickerwasserabfluß wesentlich entscheidender als der Oberflächenwasserabfluß. Ähnliche Sickerwassermengen gibt LIEBSCHER (1970) mit 71—90% des Niederschlages an, wobei eine starke Standortabhängigkeit des Sickerwasserabflusses besteht.

Die Abflußverlaufskurve wird durch Abb. 2 widergegeben, wobei der dargestellte Abflußgang für alle Untersuchungen typisch war. Noch während der Beregnungszeit kam es zu einer starken Erhöhung der Sickerwassermenge, die bis etwa 30 min nach Ende des Niederschlagsvorganges anhielt. Nach dem Maximalabfluß nahm die Sickerwassermenge schnell ab, bis etwa 48 Stunden nach dem Niederschlagsereignis nur noch wenige Liter/min abflossen. Einen sehr ähnlichen Ablauf der Sickerwasserkurve mit einem Peak kurz nach der Niederschlagszeit und einer sehr raschen Abnahme bis auf Null nach 4 Tagen beobachtete SCHROEDER (1969).
Ein Anfärbeversuch mit Fluorescein bei Wassersättigung im Boden zeigte, daß das beregnete Wasser etwa nach 150—165 min abzufließen begann. Sieben Stunden nach Beregnungsbeginn war die Verfärbung am stärksten.

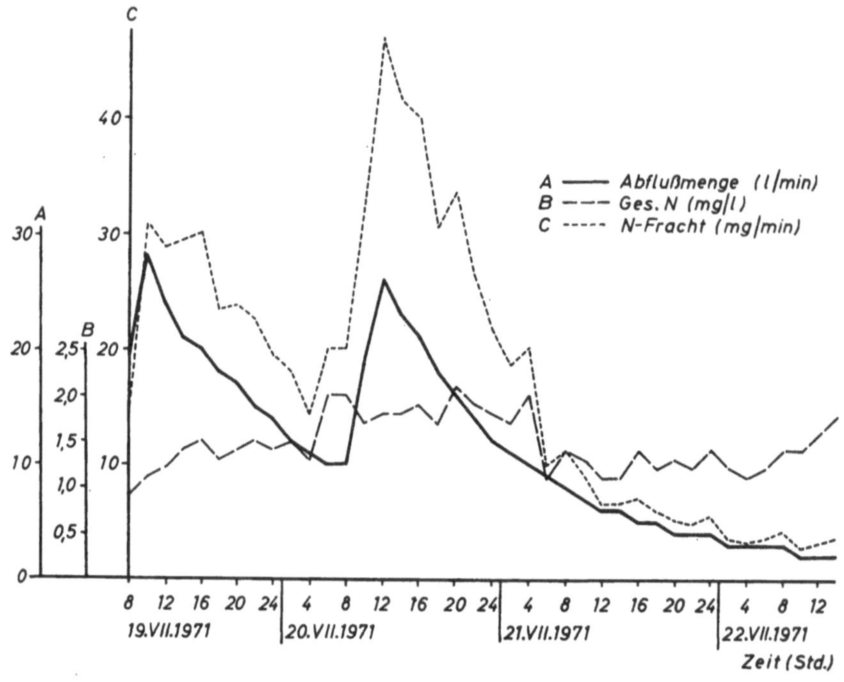

Abb. 2: Darstellung der Abflußganglinie, der Stickstoffkonzentration und der Fracht nach zwei Beregnungseinsätzen (je 40 mm)

Der Anstieg der Stickstoffkonzentration im Sickerwasser folgte bei den meisten Untersuchungsserien der maximalen Abflußmenge im zeitlichen Verlauf. Unsere Versuche wiesen aus, daß nur bei hoher Bodenfeuchte und bei hohen Niederschlagsummen ein Sickerwasserabfluß eintrat, ansonsten wurde lediglich eine Tieferverlagerung des Stickstoffs erreicht (Einwaschungsphase).
Es bestand eine direkte Abhängigkeit der Auswaschungsverluste von der Sickerwassermenge, welche auch KUNDLER (1970) beschrieb. Während der Vegetationsperiode trat im Zeitraum von Mai—Juli eine Abnahme der mittleren Stickstoffkonzentration des Sickerwassers ein, was auf den biologischen Entzug zurückzuführen war. Eine Düngung von 40 kg/ha N vor der Beregnung brachte keine erhöhten Auswaschungsverluste. Auch bei einer einmaligen N-Gabe von 360 kg war eine Steigerung der N-Auswaschung nicht sofort feststellbar. Ein erheblicher Teil des Düngemittelstickstoffs wurde direkt in die Biomasse eingebaut bzw. im Ton-Humus-Komplex vorläufig gespeichert und erst nach Abschluß der Vegetationszeit zum Teil wieder ausgewaschen. Gegenüber unseren höchsten N-Mittelwerten im Sickerwasser von 2,3 mg/l, stellte WEISE (1972) auf Lehmboden bei einer Düngung von 80 kg/ha N einen mittleren Gehalt von 3,2 mg NO_3 (in N/l) fest.
Insgesamt ergaben unsere Untersuchungen eine Stickstoffauswaschung durch das Sickerwasser von 10,5 kg/ha N · a. Bei einer Düngung von 120 kg/ha N wurden somit rund 9% bezogen auf den applizierten N-Dünger ausgewaschen (NITZSCHE 1973). Auf parallel dazu am gleichen Standort untersuchten, unberegneten Parzellen beliefen sich die N-Verluste nur auf 6 kg/ha N · a. Diese relativ geringe N-Auswaschung war auf optimale N-Gaben, Applikationszeitpunkte und Düngerformen sowie einen hohen Stickstoffentzug über die Biomasse zurückzuführen. In der internationalen Literatur weichen die Angaben über die N-Auswaschung in Abhängigkeit von Standort und Bewirtschaftung stark voneinander ab.

Werte von 4,4—8,1 kg/ha · a geben BOLTON et al. — Kanada an (zit. bei PROCHÁZKOVA 1978). ŠILKROT (1975) — UdSSR nennt Werte 1—30 kg/ha · a bei Feldfrüchten und 0,1—0,4 kg/ha · a auf dem Grünland. Als Mittelwert für mehrere westeuropäische Länder nennt VOLLENWEIDER 5—15 kg/ha · a, darunter vom Ackerland 50—100 kg/ha · a. Maximale Jahresabträge stiegen bis 145 kg N/ha · a an. Demgegenüber ermittelte BUCKSTEEG (1966) — BRD Werte um 50 kg N/ha · a. Fast übereinstimmend gehen in der internationalen Literatur hohe N-Verluste mit einer fehlerhaften Bewirtschaftung besonders mit hohen Stickstoffgaben außerhalb der Vegetationszeit einher. KOLENBRANDER (1971) — Niederlande unterschied zwischen einer natürlichen Grundbelastung ungedüngter Böden von 18 kg N/ha · a und einem mittleren N-Eintrag von 29 kg/ha · a aus der Landwirtschaft in das Grundwasser. Die natürliche Grundbelastung am Versuchsstandort lag im Mittel der Jahre bei 8,5 kg N/ha · a (Schwankungsbreite 5,8—12,3), der landwirtschaftlich bedingte Anteil der N-Auswaschung aber bei 17,9 kg N/ha · a (Schwankungsbreite: 5,3—34,5).

4.6. Der Einfluß von Schutzstreifen auf die N-Rückhaltung

Die Schutzstreifen der Versuchsanlagen A und B (Abb. 1) waren in ihrer Breite gestaffelt (1, 2, 5, 10 m), wurden aber gleich bewirtschaftet, während die Schutzstreifen der Anlage C nur 1 m breit waren, aber unterschiedlich genutzt wurden. Die erwartete Barrierenfunktion dieser Schutzstreifen sollte einmal durch die mechanische Ausfilterung von Bodenteilchen und Dünger in der Grasnarbe und im Wurzelhorizont sowie durch die Aufnahme gelöster, eingespülter Nährstoffe und die anschließende Abschöpfung über die Biomasse erfüllt werden.
Da sich die N-Auswaschung in einer von oben nach unten gerichteten Wasserbewegung über das Sickerwasser vollzieht, ist eine Rückhaltung hauptsächlich nur in der Rhizosphäre möglich.

Von den untersuchten Varianten erwiesen sich genutzte, nicht gedüngte Grünlandstreifen hinsichtlich ihres Rückhaltevermögens am günstigsten, während ungenutzte Grünlandflächen ungünstig abschnitten. Die N-Auswaschung über das Sickerwasser erreichte 5- bis 10fach höhere Werte als der Oberflächenabtrag und ist in landwirtschaftlichen Böden mit guter Durchsickerung die häufigste Verlustquelle. Mit Hilfe von Schutzstreifen ist eine N-Rückhaltung aber nur möglich, wenn der Wurzelhorizont des Schutzstreifens bis in die Sickerzone reicht, bzw. wenn Oberflächenwasser mit geringer Sickergeschwindigkeit im Schutzstreifen absickert. Mit Ausnahme von Feucht- und Naßgrünland liegt aber der Sickerhorizont meist weit unter dem Wurzelbereich, so daß nur eine begrenzte Nährstoffmenge aus dem Sickerwasser über die Biomasse entzogen werden kann. Das trifft insbesondere für Frischwiesenformationen auf mehr oder weniger erhöhten Fließgewässerböschungen zu. Untersuchungen zur N-Abschöpfung von Grünlandbeständen (WEGENER 1976) zeigten, daß mit Hilfe von zweimal jährlich gemähten Schutzstreifen auf einer Länge von 1000 m beidseitig des Wasserlaufs und einer mittleren Streifenbreite von 5 m maximal 178 kg N/Jahr entzogen und damit dem Wasserlauf ferngehalten werden könnten. In landwirtschaftlich genutzten Einzugsgebieten mit einem weitgehend regulierten Gewässersystem und hoher landwirtschaftlicher Belastung sind diese Werte, die zusätzlich einen relativ hohen ökonomischen Aufwand erfordern, oft zu gering. Die Untersuchungen zur Wirksamkeit der Schutzstreifen zeigten auch, daß zumeist nur während der Vegetationszeit eine merkliche Rückhaltung eintrat, während bei Schmelzwasserabfluß eine erneute Remineralisierung von Stickstoff beobachtet wurde (BEUSCHOLD, NITZSCHE, WEGENER, 1971).

Die negativen Aussagen über die N-Rückhaltung relativ schmaler Schutzstreifen stehen nicht im Widerspruch zu den häufig beobachteten geringen N-Konzentrationen im Wasser von Wiesenbächen. In solchen Fällen wirken große Teile des Einzugsgebietes, wenigstens aber die grünlandgenutzte Talaue als Nährstoffbarriere. Häufig war ein hoher Dauergrünlandanteil eines Einzugsgebietes auch verbunden mit einem niedrigen Düngungsniveau.

Ein überzeugendes Beispiel für die Barrierenfunktion von Pufferzonen gibt BOLLER-ELMER (1977) auf der Grundlage pflanzensoziologischer und ökologischer Untersuchungen. Hochstaudenpufferzonen des Valeriano-Filipenduletum in verschiedenen Ausbildungsformen trennten ein Rhynchosporetum albae- und Primulo-Schoenetum-Ried von intensiv genutztem Dauergrünland (Arrhenatheretum; dreimaliger Schnitt!) und verhinderten einen Nährstoffeintrag in das Ried. Die Schutzwirkung kam jedoch nur bei regelmäßiger Mähnutzung und dem Entfernen des Aufwuchses zum Tragen. Bei Vergleichen muß berücksichtigt werden, daß das Nährstoffgefälle und der N-Eintrag von der LN in die Uferzone unter unseren Verhältnissen wesentlich höher als bei den dargestellten „naturnahen“ Bedingungen ist. Hinzu kommt, daß sich die Pufferzone im optimalen Sickerbereich befand und große Mengen Stickstoff aufnehmen konnte. BOLLER-ELMER weist aber auch darauf hin, daß die Pufferzone auf Einspülungen unterhalb der Rhizosphäre wenig Einfluß hat.

5.1. Die Beziehungen zwischen der Wasserbewegung im Boden und der N-Auswaschung

5. Schlußfolgerungen für die land- und wasserwirtschaftliche Bewirtschaftung von beregneten Einzugsgebieten

Bei unseren Untersuchungen stieg mit zunehmender Durchsickerung des Bodens durch gesteigerte Wassergaben die N-Auswaschung etwa proportional an. Die Auswaschungsrate folgt der Sickerwasserganglinie.

Bei VÖMEL (1974) besteht diese deutliche Abhängigkeit zwischen Sickerwasseranfall und N-Auswaschung nicht. Sie zeigte, daß besonders auf Lehm- und Lößböden wegen ihres hohen N-Potentials bereits geringe Sickerwasserabflüsse zu einer N-Auswaschung führen können. Ebenso kann die N-Auswaschung auf tiefgründigen Böden erst nach einer mehrjährigen Verzögerung auftreten.
Die N-Konzentration im Sickerwasser steht in enger Wechselwirkung zur Gesamt-Austauschkapazität des durchflossenen Bodens. Die meisten Kulturböden mit einem hohen N-Potential weisen gleichzeitig einen hohen Anteil löslicher N-Verbindungen auf. In langjährigen Lysimeteruntersuchungen von AMBERGER und SCHWEIGER (1973) erhöhte sich die Auswaschungsgefahr mit steigendem Stickstoffgehalt des Bodens deutlich. Zwar zeigten landwirtschaftliche Düngungsversuche (KUNDLER 1970, TESKE und MATZEL, 1976), daß sich mit steigenden N-Gaben vorwiegend der N-pool des Bodens erhöht und Auswaschungsverluste von N im Sickerwasser weniger dem Düngemittel-N-Anteil als vielmehr dem gelösten Boden-N-Anteil, der als Folge des gesteigerten Stickstoffnachlieferungsvermögens intensiv genutzter Kulturböden entsteht, zuzurechnen sind.

Da die Wasserwirtschaft durch die Folgewirkungen im Gewässernetz betroffen ist und beide N-Komponenten gleiche Folgen bezüglich einer Erhöhung des Nährstoffpotentials im Gewässer verursachen, ist die Frage nach der Herkunft, ob primär aus den Düngemitteln oder sekundär aus dem höheren N-pool des Bodens für wasserwirtschaftliche Belange zweitrangig. Es ist vielmehr die Frage zu überdenken, ob die weitere Steigerung des Stickstoffnachlieferungsvermögens ohne geeigneten Schutz vor einer N-Auswaschung in wasserwirtschaftlichen Vorzugsgebieten länger toleriert werden kann.
Im Ablauf unserer Beregnungsversuche ließ sich bei der Düngungsstufe 120 kg/ha N keine Abhängigkeit zwischen Sickerwasserabfluß und N-Auswaschung feststellen. Nach einer Düngung von 360 kg N stieg die Konzentration im Sickerwasser bereits nach 24 Stunden von 13,3 auf 30,9 mg/l N (davon Nitrat: 6,5 auf 34,4 mg/l NO_3) an (NITZSCHE 1973).
Trifft eine hohe Niederschlags- oder Zusatzregenmenge, die von der Vegetationsdecke nicht sofort umgesetzt oder im Boden gespeichert werden kann, auf lösliche N-Verbindungen, vorwiegend Nitrate, so setzt eine Verlagerung in die Tiefe ein.

GARZ und STUMPE (1977) wiesen nach, daß nach etwa 200 mm Niederschlag die größte Menge des Stickstoffs (Düngung 100 kg/ha) in eine Tiefe von etwa 90 cm verlagert worden war, während 77 mm Regen nur eine Verlagerung in einen Bereich von 30—40 cm bewirkten. Mit zunehmender Tiefe nimmt die Pflanzenverfügbarkeit des Stickstoffs jedoch stark ab.
Unter Praxisbedingungen stellten KLAPPER und KRÜGER (1976) in einem Teileinzugsgebiet der Weidatalsperren fest, daß im Bereich von 400—800 mm Jahresniederschlag eine Erhöhung der Nitratkonzentration im Gewässer von 6,4 mg/l je 100 mm Niederschlagserhöhung eintrat. Nach ähnlichen Messungen von OBERMANN und BUNDERMANN (1977) stieg bei einer Auswaschung von 60 kg N/ha · a und einer Versickerung von 300 mm je Jahr die Nitratkonzentration im Sickerwasser auf 20 mg N an. Die Abflußspende beeinflußt zwar die Auswaschungsmenge wesentlich, entscheidend ist aber das lösliche Stickstoffpotential im Boden, für das sie als auslösender Faktor fungiert (KOHONEN, 1976). Aus ökonomischen Gründen wird von der Landwirtschaft eine Minimierung des Beregnungswassereinsatzes angestrebt. Dazu dient die Beregnungssteuerung. Versuche von CZERATZKI (1973), PFAFF (1959) und VÖMEL (1973) wiesen anhand langjähriger Lysimeteruntersuchungen aus, daß die aufgezeigten N-Verluste bei genauer Beregnungssteuerung vermieden werden können. Zum Teil trat ein erhöhter Stickstoffentzug über die Biomasse durch die Optimierung der Wasserhaushaltsgrößen ein. Auf Schwarzerde erhöhte sich die N-Ausnutzung mit Hilfe der Beregnung um 4—7 %, auf anlehmigen Sand um 11—18 % (JAUERT und ANSORGE, 1976). PFAFF (1959) stellte fest, daß sich die verminderte Auswaschung bei günstigem Witterungsverlauf auch außerhalb der Vegetationsperiode fortsetzte. Es kam jedoch bereits im Sommer zu erhöhten Auswaschungsverlusten, wenn nach der Beregnung eine Niederschlagsperiode folgte. Der in der Praxis häufig beobachtete Beregnungswasserrückfluß wurde anhand von Lysimeterversuchen von KRAMER et al. (1973) berechnet. Er belief sich bei Zusatzwassermengen von $\geqq$ 100 mm · a auf $\geqq$ 40 % und bei Gaben von 500—700 mm · a auf Rückflüsse von 70—80 %.
Die EDV-Beregnungssteuerung soll diese Rückflüsse minimieren. Sie erfolgt in der DDR auf der Grundlage von Bodenfeuchtemodellen. Als Eingabegrößen gelten die aktuelle Evapotranspiration, die mit Hilfe geschätzter Faktoren aus der potentiellen Evapotranspiration (Kesselverdunstung) berechnet wird, weiterhin der Niederschlag, Temperatur, bodenkundlichen Meßgrößen und die Zusatzwassergaben.

Die Schwierigkeiten bei der genauen Bemessung zur Vermeidung von Stickstoffverlusten ergeben sich aus
— der ungenauen Bestimmung der aktuellen Evapotranspiration (KUNDLER und KAPPES 1977)
— dem zeitlichen Nachlauf der EDV-Anforderung des Betriebes und der Empfehlung des Rechenzentrums
— dem Eintreten unerwarteter Starkniederschläge nach der Beregnung
— der häufig höheren Bodenfeuchte im Herbst oder bei Vorratsberegnung im Frühjahr, die zu verstärkten Sickerwasserabflüssen in der vegetationslosen Zeit führen können.

An der Verbesserung wird zum Beispiel durch die Anwendung eines Flachkessels zur Verdunstungsmessung gearbeitet (GRAFE, 1979). In wasserwirtschaftlichen Vorzugsgebieten und auf auswaschungsdisponierten Standorten sollten diese Richtwerte durch eine standortgebundene Steuerung mit Hilfe der Neutronensonde (SCHAECKE und SCHAECKE 1977) die einen Tiefenbereich von 50—70 cm erfaßt, ergänzt und korregiert werden.

5.2. Zur Problematik der Klarwasserberegnung in Einzugsgebieten von Trinkwassertalsperren

Die meisten Trinkwassertalsperren der DDR befinden sich in Höhenlagen über 500 m, wo die Beregnungswürdigkeit landwirtschaftlicher Kulturen sehr gering ist und mit zunehmender Höhenlage weiter abnimmt. Die Trinkwassersituation der DDR bedingt jedoch zunehmend auch die Inbetriebnahme von Talsperren und Speichern in tieferen, intensiv landwirtschaftlich genutzten Lagen, z. B. im Bezirk Gera. Werden in solchen Einzugsgebieten wie in der Weidatalsperre Zeulenroda, Grenzwerte für Nitrat erreicht, sollten wegen der beschriebenen Schwierigkeiten bei der Beregnungssteuerung in der Praxis vorerst keine Beregnungsneuanlagen zugelassen werden. Die Übertragbarkeit dieser Einschränkungen auf Grundwassereinzugsgebiete mit kritischen Nitratgrenzwerten muß überprüft werden.

Vorhandene Anlagen sind bezüglich der Dosierung auf den technologisch neuesten Stand zu bringen. Hinsichtlich der Dosierfähigkeit bewährt sich die Kreisberegnungsmaschine „Fregat" am günstigsten. Ihr Einsatz begünstigt jedoch schon bei geringen Hanglagen die Gefahr der Erosion (KAPPES, 1978). Eine Beregnung der Schutzzone II scheidet aus. Die Wirksamkeit bei der Minimierung des N-Eintrages ist durch repräsentative Kontrollen der Gewässeraufsicht zu überprüfen. Steigt die Stickstoffkonzentration weiter an, müssen Umstellungen in der Fruchtfolge und beim Düngereinsatz vorgenommen werden, bevor im gesamtgesellschaftlichen Interesse die Beregnungsflächen bzw. die Regengaben eingeschränkt werden.

5.3. Restriktionen für die Gülleberegnung

Während eine Klarwasserberegnung in den Höhenlagen niederschlagsbedingt ihre ökonomische Begrenzung findet, besteht für Gülle ein Verwertungszwang oft unabhängig von der Bodenfeuchte möglichst in der näheren Umgebung der Tierproduktionsanlagen, die sich häufig im Gebirge befinden (Jungrinderaufzucht).

Im Gegensatz zur Klarwasserberegnung braucht der Stickstoff während der Sickerbewegung nicht erst gelöst zu werden, sondern liegt im Medium bereits gelöst vor. Aus diesem Grunde sieht der Gesetzgeber in der Schutzzone III eine Beschränkung des Gülleeinsatzes vor (TGL 24348). Die Durchführungsbestimmungen werden z. T. in den Schutzzonenanordnungen festgelegt. Die Durchsetzung im Einzelfall weist jedoch sehr große Unterschiede aus.

Da die Gülleverregnung jährlich auch in Schutzgebieten anwächst, müssen ausgehend von der Stickstoffbewegung im Boden und Untersuchungen im genannten Einzugsgebiet

(BEUSCHOLD und WEGENER 1973) folgende Forderungen erfüllt werden, um in der Schutzzone III gefahrlos Gülle ausbringen zu können:

— Die Gülleanwendung kann nur innerhalb der Vegetationszeit erfolgen, da in dieser Zeit ein schneller Umsatz der enthaltenen Nährstoffe möglich ist. Das setzt Lagerkapazitäten von 90—150 Tagen je nach Höhenlage voraus
— Auf druckwasservernäßten Flächen und Hanglagen über 12% Neigung ist der Gülleeinsatz unzulässig
— Der N-Bedarf landwirtschaftlicher Kulturen sollte nur bis zu 50% mit Gülle-N abgedeckt werden, um mit mineralischem N noch weitere Steuermöglichkeiten zu haben
— Die Forderungen treffen auch zu, wenn Gülle- und Klarwasserberegnung im Wechsel erfolgt (z. B. Intervallberegnung).

Diese speziellen Forderungen in Trinkwasserschutzgebieten sind durch grundsätzliche, wasserwirtschaftlich wichtige Restriktionen für den Gülleeinsatz zu ergänzen (KORIATH, 1976; KRAMER, SCHULZ, KRÜGER 1976):

— Bei einem Grundwasserstand höher als 0,4 m unter Flur ist der Gülleeinsatz auszuschließen
— Für Niederungsstandorte mit Grundwasserständen zwischen 0,4 und 1,0 m darf die Gesamt-N-Menge 250 kg/ha · a nicht übersteigen
— Auf flachgründigen Böden sowie über Kluft- und Karstgestein ist die Gesamt-N-Menge auf maximal 300 kg/ha · a zu begrenzen
— Wenn Gülleflächen an Oberflächengewässer angrenzen, ist ein Sicherheitsabstand von 10—100 m einzuhalten. Die Erfahrungen zur Schutzstreifenproblematik zeigen, daß diese Sicherheitszone in der Bewirtschaftung bleiben muß, um wirksam zu werden
— Verringerung der Auswaschungsverluste durch Zwischenfruchtanbau und eine Kombination von Grün-, Stroh- und Gülledüngung zur Stickstoffbindung (HECHT und GÖRLITZ, 1979).

Gülle gilt zwar als organischer Dünger. Sie ermöglicht wegen ihres engen C:N-Verhältnisses keine N-Speicherung, während mit Stroh, Torf, Stalldung die N-Auswaschung z. T. bis zu 20% gesenkt werden kann (PFAFF 1959). Güllegaben im Spätsommer und Herbst sollten daher in der Schutzzone III mit einer Strohdüngung zur N-Bindung kombiniert werden (SCHÖNMEIER und REHBEIN 1975). NOVÁK (1976) sieht als wesentlichste Ursache der destabilisierenden Wirkung der Gülle „die Disproportion zwischen der Substrat- sowie der Stickstoffmenge und der Leistungsfähigkeit der Mikroflora“ an.

5.4. Stickstoffrückhaltung im Randbereich von landwirtschaftlichen Nutzflächen

In Trinkwassereinzugsgebieten mit kritischen Nitratwerten (30—40 mg/l) bestehen weiterhin Möglichkeiten, die Randbereiche der LN zum Gewässer als Nährstoffbarrieren optimal zu nutzen:

— Durch eine auch im wasserwirtschaftlichen Sinne optimale Dauergrünlandnutzung im Gewässerbereich
— Einen Verzicht auf umfangreiche Gewässerausbauten verbunden mit einer Laufverkürzung
— Beibehaltung des offenen Gewässernetzes anstelle von Verrohrungen
— Regelmäßige Beerntung von Nitrophytensäumen (NIEMANN und WEGENER 1976). Hier kann die N-Abschöpfung gegenüber dem Dauergrünland bis über 400 kg/ha · a gesteigert werden
— Die Anlage von ingenieurbiologisch vorbereiteten und zu beerntenden Infiltrationsbecken mit Gräsern, die einen hohen Nährstoffentzug sichern (PIETSCH, 1975; WIEGLEB 1979)
— Nicht zuletzt kann mit Hilfe von flurgestaltenden Maßnahmen auf die N-Rückhaltung eingewirkt werden.

Zusammenfassung

Ausgehend von beregneten Parzellenversuchen wird die Problematik der Stickstoffauswaschung bei unterschiedlichen Bewirtschaftungsbedingungen in einem Trinkwasserschutzgebiet behandelt. Gegenüber dem Regenwasser und Beregnungswasser lag die N-Konzentration im abfließenden Schmelzwasser am höchsten. Bei hohen Zusatzregengaben traten 59—86% des Beregnungswassers als Rückfluß im Sickerwasser wieder auf. Eine optimale Bewirtschaftung der Parzellen hielt die mittlere N-Auswaschung mit 10,5 kg je ha N · a relativ gering. Relativ schmale Schutzstreifen zur N-Rückhaltung erwiesen sich als weitgehend wirkungslos. Die Versuchsergebnisse werden anhand des Schrifttums diskutiert und Möglichkeiten zur N-Rückhaltung dargelegt. Die Beeinflussung des gestiegenen N-pools im Boden mit geeigneten Bewirtschaftungsmaßnahmen ist die wirksamste Form der N-Rückhaltung. Die Beregnung trägt nur bei optimaler Steuerung nicht zu einer verstärkten Auswaschung bei. Abschließend werden spezielle Probleme der Beregnung in Trinkwasserschutzgebieten und Möglichkeiten zur Verminderung der Stickstoffauswaschung behandelt.

Резюме

Внос азота в поверхностные водоемы с особым учетом орошения и устройства защитных полос

Исходя из опытов на орошенных участках обсуждено вымывание азота в различных условиях хозяйственного использования в охраняемой зоне питьевой воды. Сравнивая с дождевой и оросительной водами концентрация азота была высше всех в вытекающей талой воде. При высоком дополнительном дождевании обнаружено 59—86% оросительной воды в просачивающейся воде. Оптимальное хозяйственное использование учестков содержанало среднее вымывание азота на относительно низком уровне с 10,5 кг азота/га · а. Относительно узкие защитные полосы для задержания азота оказались безрезультатными. Результаты опытов обсуждены при помощи письменного материала и показаны возможности задержания азота. Влияние на повышенное накопление азота в почве пригодными мероприятиями хозяйственного использования является самой эффективной формой задержания азота. Только при оптимальном управлении орошение не ведет к усильненному вымыванию. В заключение обсуждены специальные проблемы орошения в охраняемых зонах питьевой воды и возможности уменьшения вымывания азота.

Summary

The nitrogen-influx in the surface water under special consideration of the movement and the erection of protective belts

Starting with artificially watered allotment experiments the problems of nitrogen washing-out under different conditions of cultivation in a drinking-water protective district are dealt with.

The nitrogen concentration was the highest in the running off melting-water compared with rain-water and the water used for artificial watering. If the additional watering was very high, 59—86% of the water appeared as remainder in the leakage water. An optimum cultivation of the allotments kept the medium nitrogen washing-out relatively low (10,5 kg je ha N · a). Narrow protective strips for nitrogen staying were nearly useless. The results of experiments are discussed and possibilities of nitrogen staying are stated.

The influence of the increased nitrogen-pools in the soil by means of propriate cultivation measures is the most effective form of nitrogen staying. Only if carefully controlled, the artificial watering does not contribute to the increased washing-out.
Finally special problems of artificial watering in drinking-water protective districts and possibilities for reducing of nitrogen washing-out are dealt with.

Literatur

AMBERGER, A.; SCHWEIGER, P.: Wanderung der Pflanzennährstoffe im Boden und deren Bedeutung in einer umweltbewußten Landwirtschaft. Bodenkultur, Wien 24 (1973), S. 221—236

BEUSCHOLD, E.; NITZSCHE, G.; WEGENER, U.: Vorschläge für die landwirtschaftliche Nutzung in Einzugsgebieten von Trinkwassertalsperren unter besonderer Berücksichtigung der Wirkungsweise von Wiesenschutzstreifen. F/E-Ber. 1971, Wienrode

BEUSCHOLD, E.; WEGENER, U.: Untersuchungen über die Phosphor- und Stickstoffabspülungen in einem Rinderkombinat im Einzugsgebiet der Rappbodetalsperre. Fortschritte der Wasserchemie 15 (1973), S. 237—250

BEUSCHOLD, E.; DÖRTER, K.; WEGENER, U.: Zur Problematik des Phosphoreintrages in Trinkwassertalsperren unter besonderer Berücksichtigung von Untersuchungen im Gebiet der Ostharztalsperren. Hercynia NF 11 (1974) 2/3, S. 185—200

BOLLER-ELMER, K.-CHR.: Stickstoff-Düngungseinflüsse von Intensiv-Grünland auf Streu- und Moorwiesen. Veröff. d. Geobot. Inst. Rübel 63 (1977), S. 1—102

BUCKSTEEG, W.: Welche praktische Bedeutung haben die Verfahren zur Abwendung der Gewässereutrophierung? SD Haus der Technik, Essen (1966), S. 14—27

CZERATZKI, W.: Die Stickstoffauswaschung in der landwirtschaftlichen Pflanzenproduktion. Landbauforschung Völkenrode 23 (1973) 1, S. 1—18

GARZ, J.; STUMPE, H.: Anwendungsmöglichkeiten der Bodenuntersuchung im Zusammenhang mit der Bemessung optimaler Stickstoffdüngergaben. Arch. Acker- und Pflanzenbau und Bodenkd. 21 (1977) 3, S. 221—230

GRAFE, B.: Schätzung der potentiellen Evaporation aus meteorologischen Größen. Arch. Acker- und Pflanzenbau u. Bodenkd. 23 (1979) 11, S. 701—705

HECHT, W.; GÖRLITZ, H.: Die Verlagerung von Stickstoff bei Gülleanwendung im Herbst. Feldwirtschaft 20 (1979) 1, S. 38—39

HÖRING, H.: Nitrat im Trinkwasser. Wasserwirtschaft — Wassertechnik 29 (1979) 11, S. 388—390

ISHIWATA, T.; TANIMURA, A.; ISHIDATE, M.: Studies of in vivo formation of nitroso compounds (V). Formation of dimethylnitrosamine from nitrate and dimethylamin by bacteria in human saliva. J. Food Hyg. Soc. Japan 16 (1975) 4, S. 234—239

JAUERT, R.; ANSORGE, H.: Einfluß von hoher N-Düngung und Beregnung auf die Nährstoffbilanz und Nährstoffversorgung des Bodens. Arch. Acker- und Pflanzenbau u. Bodenkd. 20 (1976) 2, S. 99—108

KAPPES, R.: Hinweise zur Beregnungssteuerung. Mündl. Mitt. Müncheberg 1978

KLAPPER, H.; KRÜGER, W.: Lösungsvorschläge zur Minderung des Nitrateintrages in Talsperren. Wasserwirtschaft — Wassertechnik 26 (1976) 8, S. 262—264

KOHONEN, T.: Durch Bodenauswaschung in die Gewässer gelangende Stoffe und dabei wirksame Faktoren. Z. f. Kulturtechnik und Flurbereinigung 17 (1976), S. 144—159

KOLENBRANDER, G. J.: Contribution of agriculture to eutrophication of surface waters with nitrogen and phosphorus in the Netherlands. Rap. 10 Inst. voor Bodenvruchtbaarheid, Groningen 1971

KORIATH, H.: Düngemitteleinsatz und Eutrophierung. Materialien „Eutrosym '76" (1976) II, S. 125—133

KRAMER, D.; HAEGER, U.; WEBER, W.: Wasserverluste und ihre Auswirkungen auf den Wasserbedarf bei der Beregnung. Wasserwirtschaft — Wassertechnik 23 (1973), S. 127—130

KRAMER, D.; SCHULZ, F.; KRÜGER, W.: Anforderungen des Umwelt- und Gewässerschutzes zum Gülleeinsatz in der Pflanzenproduktion. Feldwirtschaft 17 (1976) 4, S. 183—185

KUNDLER, P.: Ausnutzung, Festlegung und Verluste von Düngemittelstickstoff. Albrecht-Thaer-Arch. 14 (1970) 3, S. 191—210

KUNDLER, P.; KAPPES, R.: Entwicklungsstand, Aufgaben und Probleme der Bewässerung in der DDR. Arch. Acker- u. Pflanzenbau u. Bodenkd. 21 (1977) 4, S. 269—284

LIEBSCHER, H. J.: Grundwasserneubildung und Verdunstung. Die Wasserwirtschaft 60 (1970) 5, S. 168—173

MAŃCZAK, H.; SZYMAŃSKA, H.: Prinzipien des Schutzes gestauter und stehender Gewässer gegen Eutrophierung. Materialien „Eutrosym '76" (1976) V, S. 94—124

NIEMANN, E.; WEGENER, U.: Verminderung des Stickstoff- und Phosphoreintrages in wasserwirtschaftliche Speicher mit Hilfe nitrophiler Uferstauden- und Verlandungsvegetation („Nitrophyten-Methode"). Acta hydrochim. hydrobiol. 4 (1976) 3, S. 269—275

NITZSCHE, G.: Untersuchungen über den Phosphor- und Stickstoffabtrag von landwirtschaftlichen Nutzflächen zur Verhinderung der Eutrophierung der Rappbodetalsperre im Harz. Diss. landw. Fak. der MLU Halle 1973

NOVÁK, B.: Umwelt und Bodenstickstoff — Erfahrungen in der ČSSR. Hercynia N.F. 13 (1976) 2, S. 234—245

OBERMANN, P.; BUNDERMANN, G.: Untersuchungen zur NO_3-Belastung des Grundwassers im Einzugsgebiet eines Wasserwerkes. Wasser und Boden 29 (1977) 10, S. 289—293

PFAFF, C.: Das Verhalten des Stickstoffs im Boden nach langjährigen Lysimeterversuchen. Z. Acker- und Pflanzenbau 117 (1959) 1, S. 77—99

PIETSCH, W.: Kurzbericht zum Einsatz höherer Pflanzen in Infiltrationsbecken. Unveröff., Dresden 1975

PROCHÁZKOVÁ, L.: Agricultural impact on nitrogen and phosphorus concentrations in waters. Unveröff. Vortrag MAB workshop: Land use impacts on Lake and reservoir ecosystems. Warschau 1978

SCHAECKE, B.; SCHAECKE, E.: Zur Steuerung der Bewässerung durch Bodenfeuchtemessungen mit einer Neutronentiefensonde in horizontal unter Flur verlegten Sondenmeßsträngen. Arch. Acker- u. Pflanzenbau u. Bodenkd. 21 (1977) 7, S. 565—573

SCHROEDER, M.: Ergebnisse von Lysimetermessungen aus dem Münsterland. Dtsch. Gewässerkundl. Mitt. 1969, S. 45—51

SCHÖNMEIER, H.; REHBEIN, G.: Zu Fragen der Wirkung und Anwendung des Düngers Gülle auf Ackerböden an Hand von im Gebiet Halle-Leipzig durchgeführten Untersuchungen. Hercynia N.F. 12 (1975) 2, S. 189—212

ŠILKROT, G. S.: Causes of anthropogenic eutrophication of water reservoirs. Itogi nauki i techniki — obščaja ekologia, biocenologia, gidrobiologia, Moskva, Vol. 2 (1975), p. 61—95

TESKE, W.; MATZEL, W.: Stickstoffauswaschung und Stickstoffausnutzung durch die Pflanzen in Feldlysimetern bei Anwendung von ^{15}N-markiertem Harnstoff. Arch. Acker- u. Pflanzenbau u. Bodendk. 20 (1976) 7, S. 489—502

VOLLENWEIDER, R. A.: Scientific fundamentals of the eutrophication of lakes and flowing waters, with particular reference to phosphorus and nitrogen as factors in eutrophication. OECD Technical Report DAS/CSI 68.27, 159 pp.

VÖMEL, A.: Nährstoffverlagerung in Ackerböden. Kali-Briefe Hannover, Fachgebiet 3, 9. Folge (1973), S. 1—6

VÖMEL, A.: Der Nährstoffumsatz in Boden und Pflanze aufgrund von Lysimeterversuchen. Z. Acker- u. Pflanzenbau, Hamburg, Beih. 3 (1974), 94 S.

WEGENER, U.: Die Hauptformen der Bewirtschaftung des Gebirgsgrünlandes in ihrer Beziehung zum Nährstoffhaushalt und zum Trinkwasserschutz. Arch. Naturschutz u. Landschaftsforsch. 16 (1976) 3/4, S. 215—235

WEISE, K.: N-, K-, Ca- und Mg-Auswaschungsverluste aus verschiedenartigen Ackerböden. Arch. Acker- u. Pflanzenbau u. Bodenkd. 16 (1972) 4/5, S. 319—328

WIEGLEB, K.: Nitrateliminierung im Trinkwasser. Wasserwirtschaft — Wassertechnik 29 (1979) 3, S. 101 bis 103

TGL 22433; Trinkwasser: Gütebedingungen

TGL 24348/03, Schutz der Trinkwassergewinnung; Wasserschutzgebiete für Oberflächenwasser

Eingegangen: 10. 7. 1980

Dr. GUNTER NITZSCHE
MLU, Sekt. Pflanzenprod.
Lehrst. Landw. Melioration
4020 Halle
Lud. Wuchererstr. 2

Dr. UWE WEGENER
AdL, Inst. f. Landschaftsf. u. Natursch.
Arbgr. Potsdam
1500 Potsdam
Templiner Str. 21

Arch. Naturschutz u. Landschaftsforsch., Berlin **21**, 1981, 2, S. 67—91

Akademie der Landwirtschaftswissenschaften der DDR, Institut für Landschaftsforschung und Naturschutz Halle

WOLFGANG BÖHNERT; LUTZ REICHHOFF

Die Vegetation des Naturschutzgebietes „Krägen-Riß" im Mittelelbegebiet bei Wörlitz

1. Einleitung

Die in den letzten zwei Jahrzehnten stark gestiegene Anzahl der Naturschutzgebiete (NSG), wie auch die Forderung nach der Erfassung typischer Ausschnitte der natürlichen Ausstattung der einzelnen Landschaften, charakteristischer biogeographischer Elemente und schutzbedürftiger Populationen von Pflanzen- und Tierarten in den NSG, verlangen eine entsprechende wissenschaftliche Inventarisierung. Diese stellt auch die Voraussetzungen für alle weiteren Nutzungen der NSG für wissenschaftliche und praktische Zwecke dar. So können beispielsweise die Probleme der Klassifizierung und Gruppierung der NSG mittels mathematischer Verfahren (vgl. WEINITSCHKE und THRON 1979) erst auf der Grundlage einer exakten und umfassenden qualitativen wie quantitativen Primärdatenerfassung in den NSG befriedigende Ergebnisse liefern.
Der Kenntnisstand bis etwa zum Jahre 1970 über die natürliche Ausstattung der NSG ist im Handbuch der Naturschutzgebiete der DDR niedergelegt, in dessen Teil 3, 1973 das NSG „Krägen-Riß" beschrieben wird. Die Erfahrungen bei der verstärkten wissenschaftlichen Bearbeitung von NSG im Zeitraum von 1971 bis 1980 deckten zahlreiche Kenntnislücken auf. Im vorliegenden Beispiel wird bei der Vegetationsbeschreibung im Handbuch nur auf drei namentlich genannte Vegetationseinheiten — Fraxino-Ulmetum, Phalaridetum arundinaceae und Trapetum natantis — verwiesen. Die flächenmäßig im Gebiet herrschenden Wiesen werden in anderem Zusammenhang summarisch erwähnt. Tatsächlich konnten jedoch im Gebiet 35 Vegetationseinheiten im Rang von Assoziationen festgestellt werden. Allein dieses Beispiel weist deutlich auf die dringend zu schließenden Lücken im Kenntnisstand bezüglich der natürlichen Ausstattung der NSG hin.
Das NSG „Krägen-Riß" liegt im Mittelelbegebiet zwischen Wörlitz und Vockerode. Es hat eine Größe von 200,40 ha; die Höhenlage beträgt 61 m NN. Eingebettet in die weite ebene Talniederung der Mittelelbe (Warthe-stadiales Urstromtal), wird das Gebiet durch Stromtalwiesen, Auenwälder, Röhrichte und Wasserpflanzengesellschaften bestimmt. Entsprechend der klimatischen Situation — mittlerer jährlicher Niederschlag 570 mm, Jahresmittel der Lufttemperatur 8,7 °C bei einer Jahresschwankung von 18,8 °C (Januarmittel minus 0,3 °C, Julimittel 18,5 °C) — bestehen subkontinentale und submediterrane Florenbeziehungen.
Hingewiesen werden muß ferner auf die kulturhistorische Bedeutung des Naturschutzgebietes, das harmonisch mit dem Wörlitzer Landschaftspark verbunden ist und in den Bereichen zwischen Krägen und Fliederwall parkähnlich gestaltet und mit historischen Gebäuden versehen wurde.

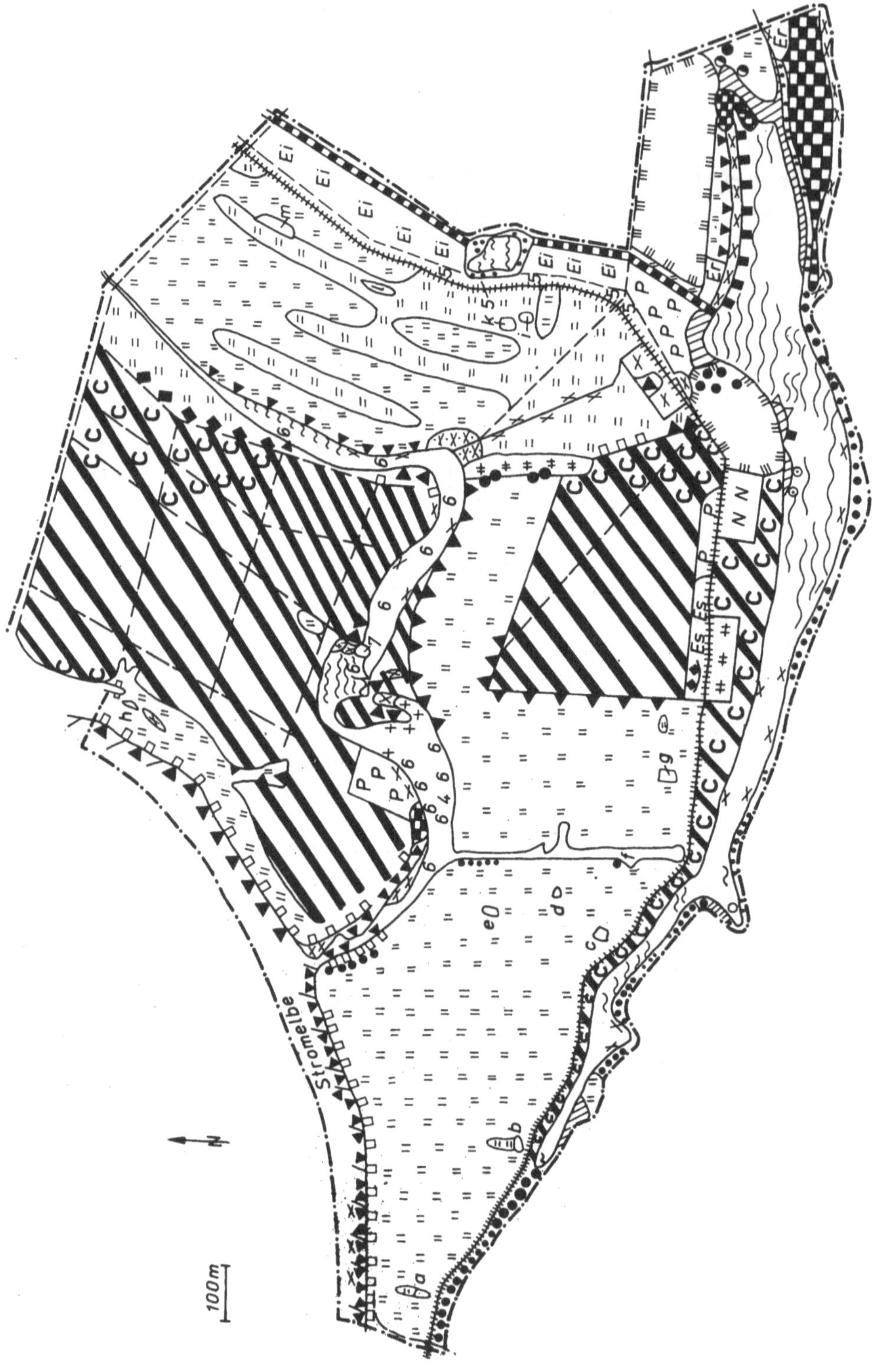

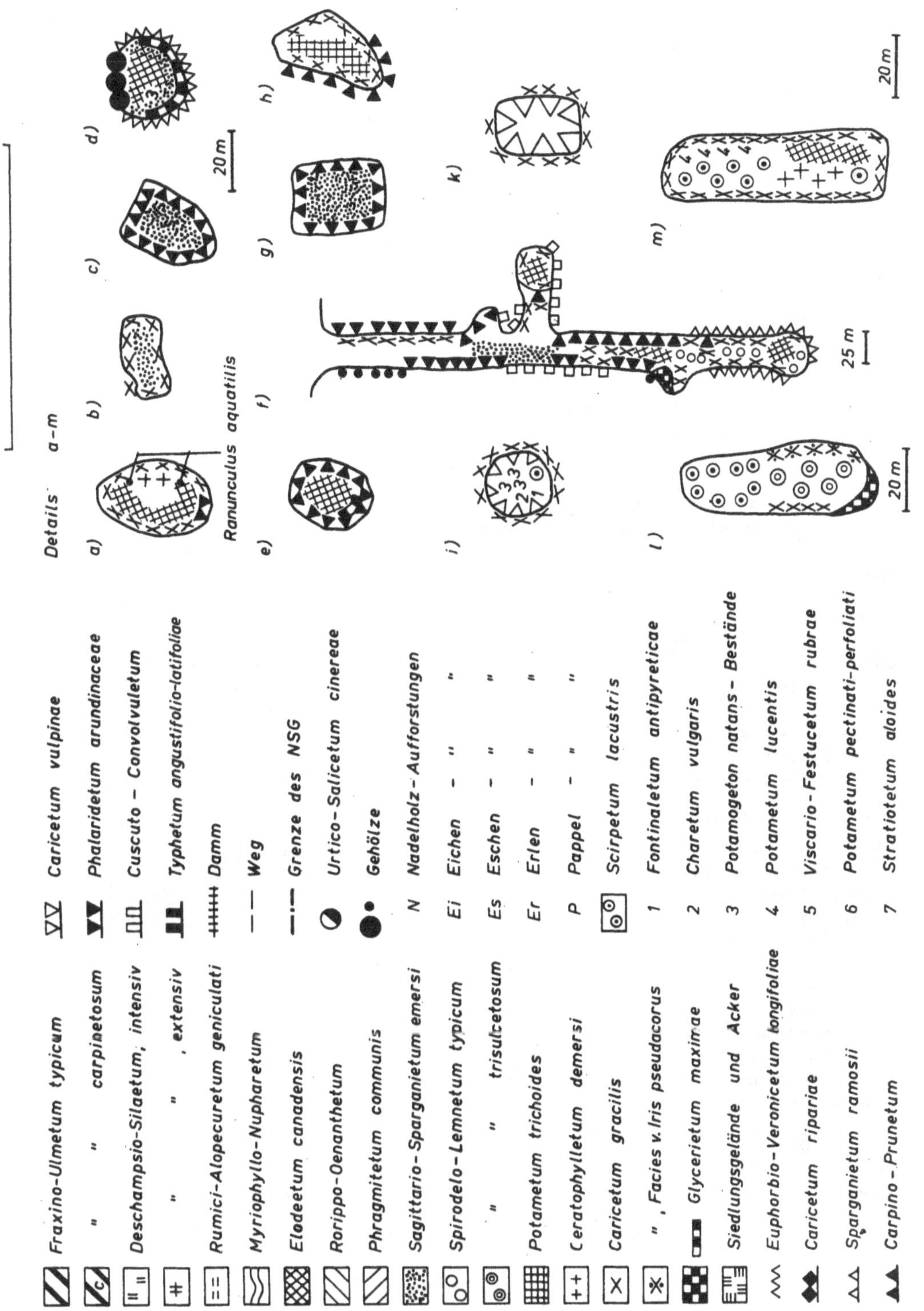
Fraxino-Ulmetum typicum
" " carpinetosum
Deschampsio-Silaetum, intensiv
" " , extensiv
Rumici-Alopecuretum geniculati
Myriophyllo-Nupharetum
Elodeetum canadensis
Rorippo-Oenanthetum
Phragmitetum communis
Sagittario-Sparganietum emersi
Spirodelo-Lemnetum typicum
" " trisulcetosum
Potametum trichoides
Ceratophylletum demersi
Caricetum gracilis
" , Facies v. Iris pseudacorus
Glycerietum maximae
Siedlungsgelände und Acker
Euphorbio-Veronicetum longifoliae
Caricetum ripariae
Sparganietum ramosi
Carpino-Prunetum
Caricetum vulpinae
Phalaridetum arundinaceae
Cuscuto - Convolvuletum
Typhetum angustifolio-latifoliae
Damm
Weg
Grenze des NSG
Urtico-Salicetum cinereae
Gehölze
N Nadelholz-Aufforstungen
Ei Eichen - " "
Es Eschen - " "
Er Erlen - " "
P Pappel - " "
Scirpetum lacustris
1 Fontinaletum antipyreticae
2 Charetum vulgaris
3 Potamogeton natans - Bestände
4 Potametum lucentis
5 Viscario-Festucetum rubrae
6 Potametum pectinati-perfoliati
7 Stratiotetum aloides
Details a-m
a) b) c) d)
Ranunculus aquatilis
e) f) g) h)
i) k)
l) m)
20 m
25 m

2. Die Pflanzengesellschaften

2.1. Wiesen und Flutrasen

Die großflächigen Wirtschaftswiesen werden vor allem standörtlich durch den Wasserhaushalt, aber auch durch eine unterschiedliche Bewirtschaftungsintensität differenziert.

2.1.1. Rasenschmielen-Silau-Wiese — Deschampsio-Silaetum Niemann 1968 prov. (Vegetationstabelle 1)

Die nach Hundt (1958) für diese Gesellschaft typische Artengruppe (Wiesen-Silau, Goldschopf-Hahnenfuß, Großer Wiesenknopf) ist in den Beständen nur mehr oder weniger gut vertreten, da sie in den intensiv bewirtschafteten Flächen hauptsächlich von *Alopecurus pratensis* mit Deckungswerten von 4 bis 5 verdrängt wird — bei Hundt (1958) erreicht diese Art nur Deckungswerte bis zu 3.

Es läßt sich eine *Ranunculus polyanthemos*-Variante mit Kuckucks-Lichtnelke und Echtem Labkraut von einer typischen (feuchteren) Variante mit Rasen-Schmiele und Kriechenden Hahnenfuß unterscheiden.

Innerhalb der *Ranunculus polyanthemos*-Variante erkennt man eine Ausbildung mit Mager-

Vegetationstabelle 1
Deschampsio-Silaetum Niemann 1968 prov.

Spalte:	1a	1b	2a	2b	3	4a	4b	4c
Artenzahl	48	45	32	33	22,8	17	20	20
Aufnahmezahl	1	1	1	1	5	1	1	1
Silaum silaus	1	1	.	+	V, +—2	r	+	+
Galium boreale	1	+	2	1	IV, +—2	.	1	r
Sanguisorba officinalis	.	.	+	+	III, +	.	r	1
Ranunculus auricomus	.	.	r	r	II, +	1	1	2
Serratula tinctoria	.	.	1	r	I, +	.	.	r
Pseudolysimachion longifolium	.	.	.	+	II, r	.	r	.
Ranunculus polyanthemos	1	1	2	1	.	.	.	.
Lychnis flos-cuculi	.	r	r	+	I, +	.	.	.
Chrysanthemum leucanthemum	+	.	r	+	.	.	.	.
Selinum carvifolium	1	1	+	1	.	.	.	.
Galium verum	1	2	+	1	I, +	.	.	.
Avenochloa pubescens	1	1	.	.	.	.	.	.
Anthoxanthum odoratum	2	1	.	r	.	.	.	.
Holcus lanatus	1	+	.	.	.	.	.	.
Festuca ovina	+	1	.	.	.	.	.	.
Plantago lanceolata	2	2	.	.	.	.	.	.
Veronica chamaedrys	1	1	.	.	.	.	.	.
Leontodon hispidus	1	1	.	.	.	.	.	.
Rhinanthus minor	1	+	.	.	.	.	.	.
Stellaria graminea	r	+	.	.	I, +	.	.	.
Luzula campestris	+	+	.	.	.	.	.	.
Carex pallescens	+	r	.	.	.	.	.	.
Euphrasia officinalis	+	+	.	.	I, +	.	.	.
Prunella vulgaris	2	1	.	.	.	.	.	.
Daucus carota	+	+	.	.	.	.	.	.
Agrimonia eupatoria	+	+	.	.	.	.	.	.
Dactylis glomerata	+	+	.	.	.	.	.	.

Spalte:	1a	1b	2a	2b	3	4a	4b	4c
Artenzahl	48	45	32	33	22,8	17	20	20
Aufnahmezahl	1	1	1	1	5	1	1	1
Trifolium dubium	1	2	.	r	.	.	.	.
Cerastium holosteoides	+	+	.	r	.	.	.	.
Lotus corniculatus	+	+	.	r	.	.	.	.
Anthriscus sylvestris	r	r	.	.	.	.	.	.
Centaurea jacea	.	.	+	+	.	.	.	.
Barbarea cf. *stricta*	.	.	r	r	.	.	.	.
Ornithogalum umbellatum	.	.	+	+	I, r	.	.	.
Deschampsia cespitosa	r	r	.	.	III, r	+	+	+
Phalaris arundinacea	.	.	.	.	II, r	+	r	1
Rumes crispus	.	.	.	.	IV, r—+	+	1	2
Ranunculus repens	.	.	.	r	III, 1—2	1	1	1
Eleocharis palustris	.	.	.	.	.	r	.	+
Filipendula ulmaria	+	.	.	r	I, +	+	r	+
Allium angulosum	.	.	.	.	.	+	+	.
Lysimachia nummularia	2	2	.	.	IV, +—1	.	.	.
Achillea millefolium	2	2	r	+	III, +—1	.	.	.
Ranunculus acris	2	2	1	1	V, +—1	.	.	.
Taraxacum officinale	+	1	1	2	V, +—2	+	.	.
Trifolium pratense	1	2	+	1	III, +—1	.	.	.
Leontodon autumnalis	.	r	.	r	III, +	.	.	.
Galium mollugo	.	.	+	.	III, +—2	.	.	.
Ranunculus vicaria	.	.	+	.	III, +—1	.	.	.
Glechoma hederacea	.	.	1	.	III, +	.	.	.
Poa pratensis	2	2	2	2	V, 1—3	2	1	2
Alopecurus pratensis	r	+	3	3	V, 4—5	5	5	4
Cardamine pratensis	1	1	r		IV, r—+	+	+	+
Rumex acetosa	+	1	+	1	IV, +—1	+	.	+
Lathyrus pratensis	1	1	+	+	V, +—1	+	+	+
Vicia cracca	+	+	1	+	V, +—1	1	1	1
Poa trivialis	.	.	+	1	III, +—1	.	+	+
Potentilla reptans	1	1	+	.	III, +—1	+	+	+
Festuca pratensis	1	1	+	1	II, 1—3	.	.	.
Carex praecox	.	.	.	.	I, 1	.	+	+
Euphorbia esula	.	.	.	.	III, r—+	.	.	.

Außerdem in Spalte
1a: *Bromus mollis* r, *Britza media* +, *Polygala vulgaris* r, *Pimpinella saxifraga* 1, *Quercus robur* juv. r, *Thymus pulegioides* +, *Fragaria vesca* r,
1b: *Heracleum sphondylium* r, *Arrhenatherum elatius* r, *Bellis perennis* +, *Populus tremula* juv. +,
2a: *Bellis perennis* +, *Symphytum officinale* r, *Sium latifolium* 1, *Achillea ptarmica* +,
2b: *Bromus mollis* +,
3: *Cirsium arvense* II, r, *Symphytum officinale* I, r, *Myosotis palustris* I, r, *Rumex obtusifolius* I, r, *Convolulus arvensis*, I, r, *Bellis perennis* I, +,
4b: *Rorippa sylvestris* I, +,
Spalte 1: Deschampsio-Silaetum, Variante von *Ranunculus polyanthemos*, extensive Ausbildung innerdeichs
Spalte 2: Deschampsio-Silaetum, Variante von *Ranunculus polyanthemos*, weniger extensive Ausbildung außerdeichs
Spalte 3: Deschampsio-Silaetum, typische Variante, frische Ausbildung
Spalte 4: Deschampsio-Silaetum, typische Variante, feuchte Ausbildung

keitszeigern (Ruchgras, Kleiner Klappertopf), die innerhalb des Deiches auf einer kleinen, extensiver bewirtschafteten Waldwiese anzutreffen ist und eine Ausbildung mit Wiesen-Flockenblume auf einer kleinen Geländestufe außerhalb des Deiches. Die Reliefgestaltung verhindert hier zwar eine intensivere Bewirtschaftung (Stickstoffdüngung) und damit den Ausfall der kennzeichnenden Arten der Variante, der Einfluß des Nährstoffeintrages (auch durch Überflutung) ist aber doch so groß, daß die anspruchsloseren Arten nicht auftreten können.
Innerhalb der typischen Variante ergibt sich dagegen eine Differenzierung nach dem Wasserhaushalt. Die trockenere (frische) Ausbildung auf den Flächen nördlich des Fliederwalles ist durch Wiesen-Labkraut, Schafgarbe u. a. gekennzeichnet. Diese Arten fallen in der feuchteren Ausbildung, die im Kontakt mit den Flutrasen steht, aus; *Allium angulosum* und *Eleocharis palustris* treten hinzu.

2.1.2. Knickfuchsschwanz-Flutrasen — Rumici-Alopecuretum geniculati Tx. (1937), 1970 (Vegetationstabelle 2)

Eingebettet in die Silau-Wiesen trifft man einen Flutrasen an, dessen floristische Zusammensetzung im Laufe der Vegetationsperiode in Abhängigkeit von der Überflutungsdauer einer

Vegetationstabelle 2
Rumici-Alopecuretum geniculati Tx. (1937) 1950

Spalte	1	2	3	4	5
Aufnahmefläche in m²	5	10	10	10	10
Deckung in %	70	60	80	70	70
Artenzahl	14	14	16	11	11
Alopecurus geniculatus	2	3	4	3	4
Agrostis stolonifera	3	2	2	2	1
Rorippa sylvestris	1	+	r	1	+
Potentilla reptans	.	.	r	.	.
Rumex crispus	.	.	r	.	.
Potentilla anserina	.	.	+	.	.
Eleocharis palustris	+	+	2	1	1
Carex gracilis	+	+	.	+	1
Phalaris arundinacea	1	.	r	1	+
Polygonum amphibium f. terrestre	+	r	.	.	.
Cardamine pratensis	r	.	.	.	.
Lysimachia nummularia	.	.	+	.	.
Rumex acetosa	r	.	r	.	.
Oenanthe aquatica	+	r	r	r	.
Rorippa amphibia	+	r	r	r	r
Carex vulpina	r	r	1	+	+
Iris pseudacorus	.	+	.	.	r
Glyceria maxima	+	+	.	.	.
Lysimachia vulgaris	.	r	.	.	.
Berula erecta	.	r	.	.	.
Butomus umbellatus	.	.	+	r	.
Myosotis palustris	.	.	.	.	r
Ranunculus repens	2	1	1	1	1
Trifolium pratense	.	.	r	.	.

ausgeprägten Dynamik unterliegt. Die Vegetationsaufnahmen wurden Ende Mai 1979 angefertigt. Im Hochsommer treten beispielsweise noch Kanten-Lauch und Schild-Ehrenpreis auf; aber noch stärker fallen die erhöhten Deckungswerte von Schlank-Segge (2 bis 3) und Kriechendem Hahnenfuß (3 bis 4) auf. Die beiden wichtigsten kennzeichnenden Arten sind Knick-Fuchsschwanz und Weißes Straußgras. Auffallend ist der hohe Anteil an Röhrichtarten (Wasserfenchel, Wasser-Sumpfkresse). Nach der Gliederung von MEISEL (1977) lassen sich unsere Bestände mit Schlank-Segge und Sumpfsimse der Subassoziation von *Glyceria fluitans* (auch wenn die namengebende Art fehlt) und der Variante von *Phalaris arundinacea* zuordnen.

Vegetationstabelle 3
Viscario-Festucetum rubrae HUNDT 1958

Spalte	1	2		1	2
Aufnahmefläche in m²	50	80			
Deckung in %	85	90			
Artenzahl	42	38			
Campanula rotundifolia	+	1	*Festuca rubra*	2	2
Rumex acetosella	+	.			
Armeria maritima	r	r	*Lychnis flos-cuculi*	.	r
Veronica arvensis	+	.	*Poa pratensis*	.	1
Thymus pulegioides	+	.	*Rumex acetosa*	+	+
Pimpinella saxifraga	1	+	*Avenochloa pubescens*	.	2
Sedum sexangulare	r	.	*Ranunculus acris*	.	+
Festuca ovina	2	.	*Leontondon hispidus*	+	1
Myosotis stricta	1	.	*Anthoxanthum odoratum*	.	1
Ranunculus bulbosus	+	+	*Holcus lanatus*	+	+
Luzula campestris		1	*Centaurea jacea*	1	.
Polygala vulgaris	+	.	*Trifolium repens*	.	1
Agrimonia eupatoria	r	r	*Trifolium pratense*	.	1
Dianthus carthusianorum	1	.	*Plantago lanceolata*	+	.
Poa angustifolia	1	.	*Cerastium holosteoides*	+	+
Potentilla argentea	2	.	*Tragopogon orientale*	r	.
Filipendula hexapetala	1	.	*Festuca pratensis*	r	2
Hypericum perfoliatum	+	r	*Achillea millefolium*	+	1
Saxifraga granulata	r	r	*Rhinanthus minor*	+	3
Plantago media	+	1	*Bellis perennis*	.	3
Fragaria viridis	1	.			
Galium verum	1	+	*Poa trivialis*	.	+
			Lathyrus pratensis	.	+
Chrysanthemum leucanthemum	+	1	*Valerianella locusta*	+	.
Galium mollugo	.	+	*Allium vineale*	r	.
Trifolium dubium	+	2	*Knautia arvensis*	r	.
Arrhenatherum elatius	2	+	*Cerastium arvense*	r	.
Campanula patula	.	+	*Convolvulus arvensis*	.	r
Dactylis glomerata	+	.			
Heracleum sphondylium	.	r			
Veronica chamaedrys	.	1			
Bromus mollis	+	1			
Daucus carota	r	+			

2.1.3. Rotschwingel-Pechnelken-Wiese — Viscario-Festucetum rubrae HUNDT 1958 (Vegetationstabelle 3)

Auf dem beweideten Deich an der Ostgrenze des Naturschutzgebietes findet man eine kurzgrasige Wiese, die durch anspruchslose, trockenholde Arten (Rundblättrige Glockenblume, Silber-Fingerkraut), aber auch durch Frischwiesenarten (Gemeine Wucherblume, Kuckucks-Lichtnelke) gekennzeichnet wird. Die von HUNDT (1958) angegebenen Kennarten fehlen zwar vollständig, die gesamte Artenkombination erlaubt aber eine Zuordnung in das Viscario-Festucetum rubrae, trockene Ausbildung.
Das flächenhafte Auftreten anspruchsvollerer Arten wie Wiesen-Schwingel, Glatthafer oder Gänseblümchen ist im Zusammenhang mit Beschattung (günstigerer Wasserhaushalt) und Nährstoffanreicherung zu sehen.

2.2. Wälder und Gebüsche

Beherrschende Waldgesellschaft ist der Eichen-Ulmen-Auenwald, zu dem in der Baumschicht neben den namengebenden Arten noch Amerikanische Esche und Hainbuche treten. Nördlich vom Riß sind größere Flächen aufgelichtet und mit Brennesselbeständen durchsetzt. Außerdem existieren noch verschiedene kleinere Flächen künstlich begründeter Reinbestände von Laub- und Nadelholzarten.
An den Gewässerufern findet man unterschiedliche, mehr oder weniger einzeln stehende Gehölze.

2.2.1. Eichen-Ulmen-Hartholzauenwald — Fraxino-Ulmetum (TX. 1952) OBERD. 1953 (Vegetationstabelle 4)

Die größte Ausdehnung innerhalb dieses Auenwaldes nimmt die typische Subassoziation ein.
An einer einzigen Stelle zwischen Fliederwall und Krägen wurde die feuchte *Phalaris*-Subassoziation gefunden (vgl. PASSARGE und HOFMANN 1968, SCHNELLE 1976). Sie wird durch das Auftreten von Schwarz-Erle sowie nässeholder Arten in der Krautschicht (Sumpf-Segge, Bittersüßer Nachtschatten) gekennzeichnet. Auf trockneren Standorten ist dagegen die Carpinus-Subassoziation zu finden (vgl. PASSARGE 1956). Gegenüber den beiden vorgenannten Ausbildungen treten Hainbuche und Vogel-Kirsche sowie Hain-Veilchen und Wald-Zwenke differenzierend auf. Innerhalb dieser Subassoziation kann man zwischen einer Ausbildung innerhalb des Deiches (Berg-Ahorn, Vogelmiere, Wiesen-Kerbel) und einer Hochwasser-beeinflußten außerhalb des Deiches unterscheiden, in der die kennzeichnenden Arten der ersteren Ausbildung ausfallen. Dafür treten eine ganze Reihe überflutungsresistenter Arten auf (Großes Hexenkraut, Echtes Springkraut), die zur typischen Subassoziation überleiten.

2.2.2. Schlehengebüsch- Carpino-Prunetum TX. 1952

Diese Waldmantelgesellschaft ist im Gebiet nicht durchgängig ausgebildet. Sie wird vor allem durch Blutroten Hartriegel, Schlehe und Pfaffenhütchen gekennzeichnet. In der Krautschicht dominieren nitrophile Arten (Große Brennessel, Bereifte Brombeere).

Vegetationstabelle 4
Fraxino-Ulmetum (Tx. 1952) Oberd. 1953

Spalte	1	2	3	4
Aufnahmezahl	1	5	4	7
Mittlere Artenzahl	31	30,8	28,0	22,5
Ulmus carpinifolia, S	.	I, r	3, +—1	IV, r—3
K	.	.	.	II, +
Quercus robur, B1	3	V, 2—3	4, 1—3	V, 2—4
B2	.	.	1, 2	II, 1
K	+	V, r—+	3, +—1	IV, r—+
Fraxinus exelsior, B1	3	I, 1	3, 2	III, 1—3
B2	.	I, 1	1, 2	I, 2
S	+	II, r—1	.	.
K	+	V, +—1	4, +—1	IV, +—2
Fraxinus pennsylvanica, B1	.	.	2, 1—3	III, 2—3
Ulmus laevis, B1	1	I, 1	2, 1—2	III, 1—2
B2	.		.	III, 1—2
S	+	.	2, +—1	II, +—1
Acer campestre, B1		I, 1	2, 1—2	III, 1—2
B2	.	I, 1	3, 2	V, 2—4
S	+	II, +—1	1, +	I, 2
K	+	V, +	3, r—+	II, +
Euonymus europaea, S	1	I, 1	1, +	II, 1
K	.	II, r—+	1, r	II, r—+
Crataegue oxyacantha, S	3	I, 1	3, 1—3	V, 2—3
K	.	II, r—+	1, +	V, +
Crataegus monogyna, S	.	III, +—2	1, 2	I, 3
Cornus sanguinea, S	.	.	1, 2	III, +—1
Cerasus avium, B1	.	I, 1	1, 1	.
B2	.	I, 1	1, +	.
Acer platanoides, S	.	III, +—1	1, 1	.
K	.	II, +	1, +	.
Acer pseudo-platanus, B1	.	II, 1	.	.
B2	.	I, 1	.	.
S	.	II, 1	.	.
K	.	III, +	.	.
Alnus glutinosa, B1	1	.	.	.
Carpinus betulus, B1	.	V, 2—4	3, 1—4	.
B2	.	V, 2—3	3, 1—3	.
S	.	II, 1	1, 1	.
Viola riviniana	.	V, 1—2	4, +—2	.
Brachypodium sylvaticum	r	IV, r—+	1, +	.
Carex acutiformis	2	.	1, 1	II, +
Solanum dulcamara	+	I, r	.	.
Lysimachia vulgaris	2	.	.	.
Lycopus eurpaeus	+	.	.	.
Iris pseudacorus	+	.	.	.
Myosotis palustris	r	.	.	.
Symphytum officinale	+	.	.	.
Carex riparia	+	.	.	.
Stellaria media	.	IV, 1—2	.	.
Anthriscus sylvestris	.	IV, r—1	.	.
Fallopia convolvulus	.	III, r—+	.	.

Spalte	1	2	3	4
Aufnahmezahl	1	5	4	7
Mittlere Artenzahl	31	30,8	28,0	22,5
Veronica chamaedrys	.	III, r—+	.	.
Campanula trachelium	.	II, r—+	.	.
Heracleum sphondylium	.	II, r	.	. .
Ranunculus auricomus	+	IV, +	.	.
Galeopsis cf. *tetrahit*	+	IV, +	.	.
Taraxacum officinale	+	IV, r—1	.	I, +
Circaea lutiana	.	.	4,1	V, +—2
Carex sylvatica	+	.	3, r—+	III, +—1
Rubus caesius	1	.	4, 1—3	V, 2—3
Lamium maculatum	.	.	1, +	III, +—1
Impatiens noli-tangere	.	.	1, +	IV, +—3
Rumex sanguineus	+	.	2, r—+	V, r—1
Filipendula ulmaria	r	.	2, r—+	III, +—1
Milium effusum	+	IV, 1	4, r—1	IV, +—1
Poa nemoralis	.	IV, 1—2	2, +	III, 1—2
Geum urbanum	1	V, +—1	3, +—1	V, +
Galium aparine	+	V, +—1	3, +—1	IV, +—1
Urtica dioica	.	II, r—+	3, +—1	V, +—3
Glechoma hederacea	1	I, +	3, +—1	V, +—1
Ranunculus ficaria	.	III, 2	3, 2—3	IV, +—1
Alliaria petiolata	.	III, +	3, +—2	III, r—1
Stachys sylvatica	.	II, +	4, +	III, +—1
Festuca gigantea	1	I, r	1, r	III, +—1
Poa trivialis	.	I, r	2, 1	IV, +—2
Deschampsia cespitosa	3	II, r—+	.	III, r—+
Dactylis polygama	.	V, +—2	2, +—1	I, +
Veronica hederifolia	.	IV, 1—2	2, 1	I, +
Anemone nemorosa	.	III, +—3	4, 1—2	III, +—1
Chaerophyllum temulum	.	III, +—1	. 1, +	
Geranium robertianum	.	II, +	1, +	

Außerdem in Spalte

1: *Viburnum opulus*, S 1, *Carex muricata* r,

2: *Acer plantanoides*, B1, I, 1, *Acer pseudo-platanus*, B2 I, 1, *Ulmus laevis* K I, r, *Tilia cordata*, K I, +, *Carpinus betulus*, K I, +, *Sorbus aucuparia*, K I, r, *Ligustrum vulgare*, K I, r, *Sambucus nigra*, K II, +, *Crataegus monogyna*, K I, r, *Pyrus achras*, K I, r, *Cerasus avium*, K I, I, *Viburnum opulus*, K I, +, *Rosa canina*, K I, +, *Ribes rubrum*, S I, +, *Silene vulgaris*, I, 1, *Melica nutans* I, +, *Lamium album* II, r—+, *Lapsana communis* I, +, *Equisetum arvense* I, 1, *Hieracium* spec. I, +, *Scrophularia nodosa* I, r, *Mycelis muralis* I, +, *Fragaria vesca* II, +, *Athyrium filix-femina* I, r,

3: *Ribes rubrum*, S 1, +, *Arctium lappa* 1, r, *Rorippa amphibia* 1, r, *Cardamine impatiens* 1, r, *Corylus avellana*, S 1, 1, *Tilia cordata*, B1 1, 1,

4: *Prunus spinosa*, S I, +, *Humulus lupulus* I, +, *Arctium lappa* I, +, *Cardamine impatiens* I, +, *Phalaris arundinacea* I, +,

Spalte 1: Fraxino-Ulmetum phalaridetosum
Spalte 2: Fraxino-Ulmetum carpinetosum, Ausbildung innerdeichs
Spalte 3: Fraxino-Ulmetum carpinetosum, Ausbildung außerdeichs
Spalte 4: Fraxino-Ulmetum typicum

Eine Vegetationsaufnahme sei als Beleg angeführt:

Aufnahmefläche: 30 m², Deckung S: 90%, K: 15%
Cornus sanguinea 3, *Prunus spinosa* 2, *Ulmus minor* 2, *Euonymus europaea* 1, *Crataegus oxyacantha* 2, *Urtica dioica* 2, *Rubus caesius* 1, *Glechoma hederacae* +, *Geum urbanum* +, *Cirsium arvense* 1, *Agropyron repens* 1, *Vicia cracca* 1, *Potentilla reptans* +, *Deschampsia cespitosa* +, *Rumex sanguineus* +, *Leonurus cardiaea* r, *Quercus robur* juv. +.

2.2.3. Brennessel-Grauweidengebüsch — Urtico-Salicetum cinereae SOMSAK 1963 em. PASS. et HOFMANN 1968

Im Verlandungsbereich am Ostufer des Krägen kommen Grauweidengebüsche vor, die als fragmentarische Ausbildung zum Urtico-Salicetum cinereae eutropher Standorte gestellt werden können.

2.3. Säume und Staudenfluren

Beherrschende Staudenflur des Gebietes sind die Brennesselbestände des Cuscuto-Convolvuletum. Auf die subkontinentale pflanzengeographische Situation verweist das Veronico-Euphorbietum. Als Stromtalpflanze bildet *Cruciata laevipes* charakteristische Bestände aus.

2.3.1. Seiden-Zaunwindenflur — Cuscuto-Convolvuletum TX. 1947

Hauptsächlich an der Oberhangkante der Gewässerufer findet man Brennesselbestände, in die sowohl Arten der angrenzenden Einheiten feuchterer Standorte (*Iris pseudacorus*, *Lythrum salicaria*) als auch trockenerer (*Euphorbia esula*, *Cirsium arvense*) eindringen. *Cuscuta europaea* und *Calystegia sepium* gestatten eine Zuordnung unserer Bestände in das Cuscuto-Convolvuletum (vgl. HILBIG et al. 1972), wozu folgende Vegetationsaufnahme als Beleg dient:

Aufnahmefläche 15 m², Deckung: 95%
Calystegia sepium 2, *Cuscuta europaea* +, *Urtica dioica* 5, *Glechoma hederacea* +, *Vicia sepium* 1, *Rubus caesius* 1, *Galium mollugo* +, *Humulus lupulus* +, *Phalaris arundinaceae* 1, *Stachys palustris* +, *Armoracia lapathifolia* +, *Pseudolysimachion longifolium* +, *Symphytum officinale* +, *Lythrum salicaria* +, *Iris pseudacorus* +, *Agropyron repens* +, *Tanacetum vulgare* +, *Cirsium arvense* +, *Convolvulus arvensis* +, *Euphorbia esula* +, *Asparagus officinalis* r, *Leonurus cardiaca* r.

2.3.2. Kreuzlabkrautsaum — Urtico-Cruciaetum laevipes DRSKE. 1973

Der Kreuzlabkrautsaum siedelt im Gebiet am flußwärtigen Fuße der Hochwasserdeiche. Hier entwickeln sich außerhalb der durch Mahd genutzten Wiesenflächen dichte Dominanzbestände des Kreuzlabkrautes. Eine Beweidung der Flächen findet nicht statt. Nachfolgende Vegetationsaufnahme belegt die Vegetationseinheit.

Aufnahmefläche: 15 m², Deckung: 95%
Cruciata laevipes 3, *Filipendula ulmaria* 2, *Pseudolysimachion longifolium* 1, *Stachys palustris* +, *Stellaria graminea* 2, *Symphytum officinale* +, *Scrophularia nodosa* +, *Heracleum sphondylium* +, *Vicia cracca* +, *Agropyron repens* 2, *Rumex acetosa* 2, *Galium verum* +, *Lathyrus pratensis* +, *Holcus lanatus* 1, *Dactylis glomerata* 1, *Ranunculus acer* +, *Sanguisorba officinalis* +, *Vicia sepium* +, *Geum urbanum* +, *Galeopsis tetrahit* r, *Sedum maximum* r.

2.3.3. Verlichtungsgesellschaft des Echten Springkrautes — Galio aparine — Impatientetum noli-tangere (PASS. 1967) TX. 1975

Im Waldteil zwischen Elbe und Riß bildet das Echte Springkraut an den Wegen streckenweise üppige Säume aus. Als Begleiter treten vor allem nitrophile Arten auf (*Geum urbanum*, *Galium aparine*, *Urtica dioica*), die nach TÜXEN und BRUN-HOOL (1975) eine Einordnung unserer Bestände in das Galio-Impatientetum ermöglichen.
Als Beleg führen wir eine Vegetationsaufnahme an.

Aufnahmefläche: 3 m², Deckung: 90%
Impatiens noli-tangere 4, *Galium aparine* +, *Geum urbanum* +, *Urtica dioica* 2, *Glechoma hederacae* 1, *Festuca gigantea* 1, *Circaea lutetiana* +, *Rumex sanguineus* +, *Galeopsis speciosa* 2, *Symphytum officinale* 1, *Filipendula ulmaria* +, *Poa nemoralis* +, *Stellaria media* +,

2.3.4. Blauweiderich-Sumpf-Wolfsmilchsaum — Veronico longifoliae-Euphorbietum palustris KORN. 1963 (Vegetationstabelle 5)

Der Sumpf-Wolfsmilchsaum ist eine im Mittelelbegebiet seltene, aber charakteristische subkontinentale Staudengesellschaft (vgl. PASSARGE 1975). Im Untersuchungsgebiet bildet die Gesellschaft optimal ausgebildete Bestände im Bereich der trockenen Böschungskante der Gewässerufer im Übergang zu den Wiesen. Eine Beeinflussung durch Mahd oder Beweidung liegt nicht vor. Die Bestände stehen im Kontakt mit den Brennesselfluren des Cuscuto-Convolvuletum.

2.3.5. Hain-Wachtelweizensaum — Stachyo-Melampyretum nemorosi PASS. 1975

Im Bereich der Hainbuchen-Ausbildung des Auenwaldes außerhalb des Überflutungsgebietes siedelt an Wegrändern und im Bereich der Wald/Wiesengrenze der Hain-Wachtelweizensaum. Die nachfolgenden zwei Aufnahmen dokumentieren die Gesellschaft.

Aufnahmefläche: 15 m², Deckung: 70 und 80%, Artenzahl 17 und 19
Melampyrum nemorosum 2,2, *Stachys sylvatica* 2, +—1, *Agrimonia eupatoria* 2,+—2, *Trifolium medium* 1,2, *Hypericum perforatum* 2,1—2, *Ranunculus polyanthemos* 1,1, *Geranium robertianum* 1,1, *Galeopsis tetrahit* 2,+—1, *Lapsana communis* 2,1—2, *Anthriscus sylvestris* 1,1, *Scrophularia nodosa* 1,+, *Festuca gigantea* 1,2, *Brachypodium sylvaticum* 1,2, *Stellaria media* 1,1, *Viola reichenbachiana* 2,1, *Veronica chamaedrys* 1,2, *Geum urbanum* 1,1, *Festuca rubra* 2,2, *Vicia sepium* 1,+, *Rumex acetosa* 1,+, *Galium mollugo* 1,2, *Fragaria viridis* 1,1, *Centaurea jacea* 1,+, *Silaum silaus* 1,+, *Quercus robur* juv. 1, +, *Acer campestre* juv. 1, +, *Carpinus betulus* juv. 1, +.

2.4. Röhrichte und Großseggenrieder (Vegetationstabelle 6)

Röhrichte und Großseggenrieder siedeln schwerpunktmäßig an den Gewässerufern. In den letzten Jahren laufen in nicht genutzten Flutrasen Sukzessionen ab, die auf eine Ablösung der Rasen durch Großseggenrieder hindeuten.

2.4.1. Pfeilkrautröhricht — Sagittario-Sparganietum emersi TX. 1953

In den Deichaushublöchern treten durch *Sparganium emersum*, *Sagittaria sagittifolia* und *Butomus umbellatus* charakterisierte Kleinröhrichte auf. Auf trockenfallenden Standorten siedelt die Subassoziation galietosum, die einer typischen Subassoziation auf langzeitig überfluteten Standorten gegenübergestellt wird.

Vegetationstabelle 5
Veronico-Euphorbietum palustris KORN. 1963

Spalte	1	2	3	4
Aufnahmefläche in m^2	5	10	10	10
Deckung in %	100	90	90	90
Artenzahl	21	18	18	23
Veronica longifolia	3	2	1	2
Euphorbia palustris	.	2	3	.
Thalictrum flavum	+	+	.	.
Filipendula ulmaria	+	2	.	3
Lysimachia vulgaris	.	+	2	1
Lythrum salicaria	.	.	+	1
Stachys palustris	.	.	.	+
Symphytum officinale	1	+	+	1
Rumex crispus	+	1	.	.
Scutellaria galericulata	+	.	.	.
Barbarea stricta	r	.	.	.
Achillea ptarmica	+	.	+	+
Rubus caesius	.	3	3	3
Polygonum amphibium	.	.	+	+
Euphorbia esula	1	.	+	.
Leonurus cardiaca	.	.	+	.
Aster tradescantii	2	+	.	+
Ranunculus repens	3	1	.	1
Lathyrus pratensis	+	+	+	2
Alopecurus pratensis	1	1	1	.
Rumex acetosa	1	.	+	+
Galium boreale	2	.	.	.
Poa pratensis	1	.	.	.
Potentilla reptans	1	1	.	+
Lychnis flos-cuculi	r	.	.	.
Vicia cracca	+	+	.	+
Serratula tinctoria	+	.	.	+
Sanguisorba officinalis	+	.	.	.
Galium mollugo	.	+	.	.
Lotus uliginosus	.	+	.	.
Poa trivialis	.	.	.	+
Phalaris arundinacea	.	1	2	+
Iris pseudacorus	.	+	.	+
Agropyron repens	.	.	2	1
Cirsium arvense	.	.	1	.
Equisetum arvense	.	.	.	2
Urtica dioica	.	.	1	1
Calystegia sepium	.	.	1	2

Vegetationstabelle 6
Phragmitetea

Spalte	1	2	3	4	5	6	7	8	9	10	11	12	13
Mittlere Artenzahl	11,5	6	6,8	9	5,5	9,3	4	13	5	16	18,5	14	6
Aufnahmezahl	4	1	4	3	2	3	1	1	1	3	3	2	3
Sparganium emersum	**3,+—2**	.	.	.	.	.	.	.	.	.	.	.	.
Sagittaria sagittifolia	**2,+**	**3**	.	.	.	.	.	.	.	.	.	.	.
Butomus umbellatus	**4,2—4**	**2**	.	.	1,+	.	.	r	.	.	.	.	.
Phragmites australis	.	.	**4,3—5**	.	1,3	1,3	.	.	.	.	.	.	.
Thypha latifolia	.	.	.	**3,2—3**	.	.	.	.	.	.	.	.	.
Sparganium erectum	3,1—2	.	.	.	**2,2—4**	.	+	.	.	.	.	.	.
Glyceria maxima	2,1	.	.	2,2—3	1,1	**3,4—5**	.	1	.	3,+—3	2,2—3	1,+	.
Scirpus lacustris	.	.	.	.	.	.	**2**	.	.	.	.	.	.
Rorippa amphibia	4,1—2	.	2,2	2,1—2	.	1,+	.	**4**	.	3,+—5	2,r—+	2,r—+	1,1
Oenanthe aquatica	4,+—3	.	.	.	.	.	.	**2**	.	2,+—2	.	2,+	.
Carex gracilis	2,r—+	+	.	.	.	.	.	+	**3**	**3,4—5**	1,2	2,+	2,1
Carex riparia	.	.	1,1	.	.	.	.	.	.	.	**3,3—4**	.	.
Carex vulpina	.	.	.	.	.	.	.	.	.	.	.	**2,1—2**	1,+
Phalaris arundinacae	.	.	2,+—3	.	.	.	.	1	1	3,+—3	.	2,1	**3,4**
Galium palustre	3,+—1*	.	.	.	.	.	.	+	.	3,+—3	.	2,+—1	1,+
Polygonum amphibium	3,+—2*	.	1,1	3,1—2	2,1	2,+	+	+	.	3,+—1	.	.	1,1
Lysimachia vulgaris	2,+—1*	.	2,+—2*	.	.	2,+*	.	.	+	3,+—4	2,1*	1,r	3,1—3*
Myosotis palustris	3,+—1*	.	1,+*	.	.	1,+*	.	+	.	.	2,+	2,+	2,+—1
Lycopus europaeus	.	.	2,+—1*	1,+	.	1,+*	.	.	.	.	1,+*	.	
Solanum dulcamara	.	.	2,+—1*	.	.	1,1*	.	.	.	.	1,1	.	.
Lythrum salicaria	.	.	2,+—1	1,+	.	1,+	.	.	.	3,r—2*	2,+—1	1,r	3,+—1
Bidens tripartitus	.	.	.	.	.	2,1*	.	.	.	.	.	.	.
Urtica dioica	.	.	1,+	.	.	2,+*	.	.	.	.	1,+	.	.
Potentilla reptans	.	.	.	.	.	.	.	.	.	2,+—1*	.	2,1	1,1
Ranunculus repens	.	.	.	.	.	2,+	.	.	.	2,1*	.	2,2	2,1—2*
Stachys palustris	.	.	.	.	.	.	.	.	.	.	1,+*	.	2,1—2
Iris pseudacorus	1,1	.	.	.	.	2,+	.	+	2	3,+—4	3,+—1*	2,3	3,+—1
Symphytum officinale	.	.	1,+	.	.	.	.	.	.	.	3,+—1	.	2,+—1*
Calystegia sepium	.	.	2,1—2*	.	.	1,+*	.	.	.	.	2,+—1	.	1,1
Alisma plantago-aquatica	3,1—3	.	.	.	1,+	.	.	.	.	2,1—3	.	1,r	.
Sium latifolium	1,+	.	.	2,+	.	1,r	.	.	.	.	.	2,1	1,3
Eleocharis palustris	1,+	.	.	.	.	.	.	.	.	2,+—1	.	1,+	

Bolboschoenus maritimus	.	+	.	.	1,+	.	.	.	.	.	.	.	.
Rumex hydrolapathum	.	.	2,+—2	2,1	1,2	.	.	.	.	.	.	.	.
Mentha aquatica	.	.	.	.	.	1,+	.	.	.	.	.	1,r	1,+
Poa palustris	.	.	.	.	.	.	.	.	.	.	1,1	.	1,1
Scutellaria galericulata	.	.	1,+	.	.	.	.	.	.	.	.	.	.
Ranunculus lingua	.	.	.	1,+	.	.	.	.	.	.	1,+	.	1,1
Carex vesicaria	.	.	.	.	.	.	.	.	3	2,+—2	.	.	.
Acorus calamus	.	.	.	.	.	.	.	.	.	2,+—1	.	.	.
Carex acutiformis	.	.	.	.	.	.	.	.	.	.	1,1	.	.
Stellaria palustris	.	.	.	.	.	.	.	.	.	.	.	2,r—+	.
Bidens frondosa	1,r	.	1,+	.	.	.	.	.	.	.	1,1	2,+	1,+
Agrostis stolonifera	2,+	2	.	.	.	.	.	1	.	2,+—1	.	.	.
Rubus caesius	.	.	.	.	.	.	.	.	.	.	2,1—3	.	1,+
Lemna minor	.	.	.	2,1	.	2,1	.	.	.	3,+—2	.	.	.
Polygonum hydropiper	.	.	.	.	.	.	.	+	.	.	1,2	.	.

Außerdem in Spalte
Spalte 1: *Ranunculus aquatilis* f. *terrestris* 1,+, *Glyceria fluitans* 1, +
Spalte 2: *Elodea canadensis* 2
Spalte 4: *Hottonia palustris* 2,+
Spalte 5: *Lemna trisulca* 1,1
Spalte 6: *Chenopodium* cf. *album* 2,r—+
Spalte 8: *Alopecurus geniculatus* 2
Spalte 10: *Lemna trisulca* 2,+—1
Spalte 11: *Potentilla anserina*, 1,1, *Scrophularia nodosa* 1,r, *Aster tradescantii* 1,+
Spalte 12: *Rumex crispus* 2,+, *Cardamine pratensis* 2,+, *Lysimachia nummularia* 1,+
Spalte 13: *Potentilla anserina*, *Thalictrum flavum* 1,1, *Vicia cracca* 3,+—1, *Achillea ptarmica* 1,+, *Juncus effusus* 1,+, *Allium angulosum* 1,+
Spalte 1: Sagittario-Sparganietum emersi galietosum
Spalte 2: Sagittario-Sparganietum emersi typicum
Spalte 3: Phragmitetum communis solanetosum
Spalte 4: Typhetum angustifolio-latifoliae typicum
Spalte 5: Sparganietum ramosi
Spalte 6: Glycerietum maximae urticetosum
Spalte 7: Scirpetum lacustris typicum
Spalte 8: Rorippo-Oenanthetum
Spalte 9: Caricetum gracilis typicum
Spalte 10: Caricetum gracilis ranunculetosum repentis
Spalte 11: Caricetum iridetosum, Var. *Glyceria maxima*
Spalte 12: Caricetum vulpinae
Spalte 13: Phalaridetum arundinaceae typicum
* Differentialart

2.4.2. Schilfröhricht — Phragmitetum communis (GAMS 1927) SCHMALE 1939

An den flachen gehölzfreien Uferpartien des „Krägen“ siedeln großflächige, z. T. artenarme Schilfbestände, die allein negativ gekennzeichnet dem Phragmitetum angeschlossen werden können.

2.4.3. Rohrkolbenröhricht — Typhetum angustifolio-latifoliae (EGGL. 1933) SCHMALE 1939

Charakteristisch für die eutrophe Gesamtsituation im Mittelelbegebiet, werden die Rohrkolbenröhrichte fast ausschließlich vom Breitblättrigen Rohrkolben aufgebaut. Im Gebiet tritt die Gesellschaft im Komplex mit dem Schilfröhricht auf.

2.4.4. Igelkolbenröhricht — Sparganietum erecti ROLL 1938

Ebenfalls charakteristisch für eutrophe Standorte im Mittelelbegebiet ist das Igelkolbenröhricht (vgl. HILBIG 1971). Im NSG siedelt die Gesellschaft in einem trockenfallenden Deichaushubloch.

2.4.5. Wasser-Schwadenröhricht — Glycerietum maximae HUECK 1941

Das Wasser-Schwadenröhricht tritt an besonnten nährstoffreichen Flachufern verbreitet im Naturschutzgebiet auf. Es ist in der bereits von REICHHOFF (1978) für das Mittelelbegebiet beschriebenen charakteristischen Subassoziation urticetosum ausgebildet.

2.4.6. Teichbinsenröhricht — Scirpetum lacustris (EGGL. 1933) SCHMALE 1939

Das Teichbinsenröhricht ist eine sehr seltene Röhrichtgesellschaft im NSG und ist auf den „Krägen“ beschränkt.

2.4.7. Sumpfkressengesellschaft — Rorippo-Oenanthetum LOHM. 1950

Die Sumpfkressengesellschaft siedelt im Gebiet auf sommerlich trockenfallenden Uferpartien. Artenarme Bestände entwickeln sich auf trockenfallenden Schlammbänken im „Riß“.

2.4.8. Schlank-Seggenried — Caricetum gracilis (GRAEBN. et HUECK 1931) TX. 1937

Das Schlankseggenried ist die häufigste Großseggengesellschaft des Naturschutzgebietes. Es tritt sowohl in einer sehr nassen, typischen Subassoziation wie auch in einer trockeneren Subassoziation von *Ranunculus repens* auf.

2.4.9. Ufer-Seggenried — Caricetum ripariae BAL.-TUL. 1965

Die Gesellschaft stockt in waldnahen, feuchten Senken. Die Ausbildung im Naturschutzgebiet kann der Subassoziation iridetosum in der Variante von *Glyceria maxima* angeschlossen werden.

2.4.10. Fuchs-Seggenried — Caricetum vulpinae Nowinski 1927

Das Caricetum vulpinae ist ein sehr seltenes Seggenried, das bisher noch nicht aus dem Mittelelbegebiet beschrieben wurde. Die Gesellschaft siedelt am trockenfallenden Ufer eines künstlichen Kleingewässers.

2.4.11. Glanzgrasried — Phalaridetum arundinaceae Libb. 1931

Das Glanzgrasried ist eine verbreitete Pflanzengesellschaft im NSG. Es siedelt an relativ trockenen Uferpartien, insbesondere im oberen Bereich von Steilufern.

2.5. Wasserpflanzengesellschaften (Vegetationstabelle 7)

Standorte für Wasserpflanzengesellschaften stellen im Gebiet der „Krägen", ein innerdeichs gelegenes, mit Zu- und Abfluß versehenes Altwasser der Elbe, der „Riß", ein außerdeichs gelegener Elbaltarm, in den ein Fließgraben Wasser einspeist, und der selbst im NSG in die Elbe mündet, und die außerdeichs, also im Überflutungsbereich gelegenen künstlichen, ganzjährig mit Wasser gefüllten Hohlformen, die durch den Deichbau entstanden sind, dar. Hinzu kommen noch Flutrinnen im elbnahen Bereich.

2.5.1. Fließwasser-Kamm-Laichkrautgesellschaft — Sparganio-Potametum pectinati Hilbig 1971

In den am stärksten strömenden Abschnitten des in den „Riß" einmündenden Fließgrabens siedelt die Fließwassergesellschaft von *Potamogeton pectinatus* Var. *interruptus*. Im schwächer strömenden Bereich wird die Gesellschaft durch das Potametum pectinato-perfoliati mit *Potamogeton pectinatus* Var. *scoparius* abgelöst.

2.5.2. Charetum vulgaris Krause 1969 und Fontinaletum antipyreticae Kaiser 1926

In den Deichaushublöchern siedeln Bestände von *Chara vulgaris*, die bereits wiederholt im Mittelelbegebiet angetroffen wurden (vgl. Reichhoff 1978). Eng verzahnt mit diesen Beständen ist das Fontinaletum antipyreticae, das fast ausschließlich von der namengebenden Art aufgebaut wird. *Chara vulgaris* tritt gelegentlich hinzu. Die Gesellschaft ist nicht durch Aufnahmen belegt.

2.5.3. Spiegel-Laichkrautgesellschaft — Potametum lucentis Hueck 1931

Ebenfalls beschränkt auf die Vorkommen in den Deichaushublöchern bleibt die Gesellschaft des Spiegel-Laichkrautes. Am Aufbau der Gesellschaft beteiligen sich besonders *Ceratophyllum demersum* und *Potamogeton crispus*.

2.5.4. Stillwasser-Kamm-Laichkrautgesellschaft — Potametum pectinato-perfoliati Den Hartog et Segal 1964

In dem in den „Riß" einmündenden Fließgraben und den weiten Bereichen des „Riß" siedelt das Potametum pactinato-perfoliati. *Ceratophyllum demersum* und *Potamogeton crispus* sind stete Bestandsglieder der Gesellschaft.

Vegetationstabelle 7
Potametea und Lamnetea

Spalte	1	2	3	4	5	6	7	8	9	10	11	12	13
Mittlere Artenzahl	6	3	5,5	5	3	3	4,2	4,8	3	6,5	5,6	6	4,8
Aufnahmezahl	1	1	2	5	1	1	6	4	2	2	5	1	5
Potamogeton pectinatus interruptus	**2**	.	.	.	.	.	.	.	.	.	.	.	.
Sparganium emersum	**3**	.	.	.	.	.	.	.	.	.	.	.	.
Chara vulgaris	.	**4**	.	.	.	.	.	1,+	.	.	.	.	.
Potamogeton lucens	.	.	**2,3–4**	.	.	.	.	.	1,1	.	.	.	.
Potamogeton pectinatus scoparius	.	.	1,1	**V,2–3**	.	.	.	.	.	2,2	.	1	.
Potamogeton perfoliatus	2	.	.	**III,1–3**	.	.	.	.	.	.	I,+	.	.
Potamogeton trichoides	.	.	.	.	**5**	.	I,+	1.+	.	1,1	I,+	.	.
Potamogeton natans	1	+	.	I,+	.	**3**	III,+–1	2,1–2	.	.	.	.	.
Elodea canadensis	.	.	1,+	I,+	.	.	**V,3–5**	2,+	.	.	.	.	IV,1–3
Ceratophyllum demersum	.	.	2,+–1	V,1–2	1	.	III,+–1	**4,3–5**	.	2,1	IV,+–1	2	.
Nuphar lutea	r	.	.	II,+	.	.	.	.	**2,2–3**	**2,4**	**V,3–4**	2	.
Nyphaea alba	.	.	.	.	.	.	.	.	**1,2**	.	**II,1–2**	.	.
Myriophyllum spicatum	+	.	.	.	.	.	.	1,+	.	.	**I,2**	.	.
Myriophyllum verticillatum	.	.	.	.	.	.	.	1,1	**1,3**	.	**II,+–2**	.	.
Stratiotes aloides	.	.	.	.	.	.	.	.	.	.	IV, r–2	**3**	.
Spirodela polyrhiza	.	.	.	.	.	.	III,+–1	.	.	.	I,+	.	**V,2–4**
Lemna trisulca	.	.	1,+	.	.	+	III,+–1	1,+	.	2,1	.	+	IV,+–3
Utricularia vulgaris	.	.	1,r	I,r	.	.	.	.	.	.	.	.	.
Lemna minor	.	.	1,+	II,1	+	+	II,+–1	1,+	.	1,1	II,r–+	1	V,1–4
Fontinalis antipyretica	.	+	.	.	.	.	.	.	.	.	.	.	.
Potamogeton crispus	.	.	1,2	IV,1–3	.	.	.	4,+	.	1,+	.	.	.
Polygonum amphibium aquaticum	.	.	1,1	.	.	.	III,+–1	2,+–1	1,+	1,+	.	.	.
Callitriche spec.	.	.	.	I,+	.	.	.	1,+	.	1,+	.	.	.
Potamogeton obtusifolius	.	.	.	.	.	.	I,1	.	.	.	I,+	.	I,4
Ranunculus aquatitus	.	.	.	.	.	.	.	1,3	.	.	.	.	.
Ranunculus circinatus	.	.	.	.	.	.	.	.	.	.	I,+	.	.
Sagittaria sagittifolia	.	.	.	.	.	.	.	.	.	.	III,r–1	.	.

Vegetationstabelle 7 Fortsetzung

Spalte 1: Sparganio-Potametum pectinati
Spalte 2: Charetum vulgaris
Spalte 3: Potametum lucentis
Spalte 4: Potametum pectinato-perfoliati
Spalte 5: Potametum trichoides
Spalte 6: Potamogeton natans-Gesellschaft
Spalte 7: Elodeetum canadensis
Spalte 8: Ceratophylletum demersi
Spalte 9: Myriophyllo-Nupharetum, stark verarmt an Arten
Spalte 10: Myriophyllo-Nupharetum, nährstoffreiche Ausbildung
Spalte 11: Myriophyllo-Nupharetum, Aufnahmen 1972
Spalte 12: Hydrocharitetum morsus-ranae, AF von *Stratiotes aloides*
Spalte 13: Spirodelo-Lemnetum minoris

2.5.5. Haar-Laichkrautgesellschaft — Potametum trichoides FREITAG, MARKUS et SCHWIPPE 1958

In einer elbnahen Flutrinne treten monodominante Bestände des Haar-Laichkrautes auf, die dem im Mittelelbegebiet verbreiteten (vgl. REICHHOFF 1978) Potametum trichoides angeschlossen werden können.

2.5.6. Schwimm-Laichkraut (Potamogeton natans)-Gesellschaft

Als Reste ehemaliger artenreicher Wasserpflanzenbestände siedeln im „Krägen“ Sproßkolonien des Schwimmenden Laichkrautes, denen allein Wasserlinsen (*Lemna minor*, L. *trisulca*) beigesellt sind. Gleiche Bestände sind auch in den Deichaushublöchern anzutreffen.

2.5.7. Wasserpestgesellschaft — Elodeetum canadensis PIGN. 1953

In den Deichaushublöchern finden sich verbreitet Massenbestände der Wasserpest, die mit *Ceratophyllum demersum* und einer Gruppe von Wasserschwebern vergesellschaftet sind.

2.5.8. Hornblattgesellschaft — Ceratophylletum demersi HILD 1956

Eng verwandt und im Gebiet standörtlich verzahnt mit dem Elodeetum canadensis ist die Hornblattgesellschaft, die wiederum allein in den Deichaushublöchern auftritt.

2.5.9. Wasserfedergesellschaft — Hottonietum palustris TX. 1937

In einem von Baumwuchs beschatteten, dem „Krägen“ zufließenden Graben treten stark in ihrer Vitalität geschwächte Bestände der Wasserfeder auf, die nicht durch Vegetationsaufnahme belegt wurden.

2.5.10. Teichrosengesellschaft — Myriophyllo-Nupharetum KOCH 1926

Insbesondere im „Krägen“, jedoch auch in den anderen Gewässern, siedeln ausgedehnte Bestände der Gelben Teichrose — *Nuphar lutea* —, in denen gelegentlich auch die Weiße Seerose — *Nymphaea alba* — auftritt. Auf weiten Flächen fehlen diesen Beständen jedoch fast jegliche begleitenden Arten als Ausdruck der hohen Nährstoffanreicherung im Wasser. Artenreicher werden die Ausbildungen, in denen Eutrophierungsanzeiger wie *Potamogeton pectinatus*, *Ceratophyllum demersum* und *Lemna trisulca* auftreten. Die Aufnahmen in Tabelle 7, Spalte 11 stammen aus dem Jahre 1972 und weisen mit *Potamogeton perfoliatus*, *Stratiotes aloides*, *Potamogeton obtusifolius*, *Ranunculus circinatus* und *Sagittaria sagittifolia* eine starke Gruppe heute nicht mehr in den Beständen auftretender Arten auf.

2.5.11. Krebsscherengesellschaft — Hydrocharitetum morsus-ranae AF von Stratiotes aloides V. LANGENDONCK 1935

Die Krebsscherengesellschaft trat früher regelmäßig in den Gewässern des NSG auf. Heute ist sie bis auf einen Restbestand im „Riß“ aus dem Gebiet verschwunden.

2.5.12. Teichlinsengesellschaft — Spirodelo-Lemnetum minoris MÜLLER et GÖRS 1960

Die Teichlinsengesellschaft ist die verbreitetste Wasserschwebergesellschaft im Gebiet, erreicht jedoch nirgendwo größere Flächenanteile.

3. Räumliche und standörtliche Verteilung der Vegetationseinheiten

Eine zusammenfassende Übersicht der Flächenanteile der einzelnen Vegetationseinheiten auf der Grundlage der Vegetationskarte gibt Tabelle 1. Dominierende Landschaftselemente im Gebiet sind die Wiesen mit 45% Anteil an der Gesamtfläche und 3 Assoziationen (das sind 8% aller erfaßten Vegetationseinheiten) sowie die Wälder mit 34% Flächenanteil und einer Assoziation (3% der Einheiten) und Gebüsche mit 2% Flächenanteil und 2 Assoziationen (6% der Einheiten).

Innerhalb der Silau-Wiese fällt auf, daß die weniger intensiv bewirtschaftete Ausbildung von *Ranunculus polyanthemos* nur noch 3% der Gesamtfläche dieses Wiesen- und Waldschutzgebietes einnimmt.

Die Wasserfläche kann insgesamt mit etwa 11% der Gesamtfläche veranschlagt werden. Sie gliedert sich in die zwei großen Wasserflächen Krägen und Riß mit Fließgraben sowie mehrere kleine Deichaushublöcher und Gräben. Es konnten 13 Wasserpflanzengesellschaften festgestellt werden, das sind 37% aller Assoziationen im Gebiet.

Die Röhrichte und Großseggenrieder mit knapp 5% der Gesamtfläche beherbergen eine ähnlich hohe Assoziationszahl (11 Einheiten entsprechen 31%). Den geringsten Flächenanteil haben die Säume und Staudenfluren mit 0,3% inne, setzen sich aber aus 5 Assoziationen, das sind 14% der erfaßten Einheiten, zusammen.

Besonders bei den Wasserpflanzengesellschaften sowie den Röhrichten und Großseggenriedern fällt die extrem geringe Flächenausdehnung der meisten Einheiten auf. Für eine Reihe dieser Gesellschaften ist bei den standörtlichen Bedingungen im Naturschutzgebiet auch kein wesentlich größerer Flächenanteil möglich. Ein Vergleich der beiden großen Gewässer einschließlich ihrer Uferzonen mit den kleinen Deichaushublöchern (diese haben nur reichlich 5% Anteil an der Gesamtwasserfläche) zeigt aber, daß erstere nur 14 Vegetationseinheiten, letztere dagegen 20 Einheiten als Biotop dienen. Durch diesen Vergleich wird die große Bedeutung der kleinen anthropogenen Hohlformen als Refugien für viele bedrohte, nur mäßige Eutrophierung ertragende Pflanzengesellschaften deutlich. Gleichzeitig muß die Wichtigkeit des Schutzes dieser Deichaushublöcher vor Eutrophierung und Melioration hervorgehoben werden, da viele der darin vorkommenden Gesellschaften wegen ihrer Kleinheit potentiell gefährdet sind und schon bei Verlust von ein oder zwei Standorten im Gebiet erlöschen würden.

Eine scharfe ökologische Grenze im Gebiet stellt der Hochwasserschutzdeich dar, die beispielsweise innerhalb der *Carpinus*-Subassoziation des Eschen-Ulmen-Auwaldes zu den unter Punkt 2.2.1. geschilderten floristischen Unterschieden führt.

Die gleichen Auswirkungen übt der Deich durch seine Überschwemmungsverhinderung auch auf die *Ranunculus polyanthemos*-Ausbildung der Silau-Wiese aus (vgl. 2.1.1.). Die außerdeichs gelegene Silau-Wiese wird weiterhin durch geringere Reliefunterschiede und somit veränderten Bodenwasserhaushalt differenziert. Die feuchte Ausbildung ihrer typischen Variante steht in fließendem Kontakt mit den tiefer gelegenen Flutrasen. Die Grenze zwischen beiden Pflanzengesellschaften hängt von ihrem Überflutungszeitpunkt und der -dauer ab. Bei zu geringer Überflutung im Frühjahr kommt es nicht zu einer optimalen Entwicklung der typischen Artengarnitur des Flutrasens und die Silau-Wiese gewinnt an Fläche, während bei späten und lang anhaltenden Frühjahrshochwassern das Gegenteil eintritt. Dadurch wird auf kleinem Raum bei geringen Reliefunterschieden eine hohe Vegetationsdynamik erzeugt.

Das Verteilungsmuster der Pflanzengesellschaften, das Auftreten von Gesellschafts- bzw.

Tabelle 1
Übersicht der Vegetationseinheiten, ihrer geschätzten Flächenausdehnung und ihrem relativen Anteil an der Gesamtfläche

Gesamtfläche	200,4 ha		100%	
1. Wiesen und Flutrasen	91,1 ha		45,48%	
Deschampsio-Silaetum, typ. Ausb.		69,5 ha		34,69%
Deschampsio-Silaetum, Ausb. v. *R. polya.*		2,1 ha		1,07
Rumici-Alopecuretum geniculati		18,4 ha		9,16
Viscario-Festucetum rubrae		1,1 ha		0,54
2. Wälder und Gebüsche	70,9 ha		35,42%	
Fraxino-Ulmetum typicum		43,7 ha		21,83%
Fraxino-Ulmetum carpinetosum		14,4 ha		7,21
Künstlich begründete Reinbestände		8,9 ha		4,48
Diverse Gehölze		3,1 ha		1,55
Carpino-Prunetum		0,5 ha		0,25
Urtico-Salicetum cinereae		0,2 ha		0,09
3. Wasserfläche insgesamt	21,5 ha		10,72%	
Myriophyllo-Nupharetum		7,1 ha		3,54%
Spirodelo-Lemnetum		0,1 ha		0,05
Potametum pectinato-perfoliati		976 m^2		0,04
Ceratophylletum demersi		976 m^2		0,04
Elodeetum canadensis		547 m^2		0,02
Potametum lucentis		195 m^2		0,009
Spargano-Potametum		195 m^2		0,009
Potametum trichoides		117 m^2		0,006
Potamogeton natans-Bestände		117 m^2		0,006
Hottonietum palustris		117 m^2		0,006
Charetum vulgaris		78 m^2		0,004
Fontinaletum antipyreticae		39 m^2		0,002
Hydrocharitetum morsus-ranae		39 m^2		0,002
4. Röhrichte und Großseggenrieder	9,4 ha		4,69%	
Glycerietum maximae		3,9 ha		1,94%
Caricetum gracilis		2,1 ha		1,07
Phragmitetum communis		1,5 ha		0,77
Phalaridetum arundinaceae		1,4 ha		0,68
Caricetum ripariae		0,2 ha		0,09
Sagittario-Sparganietum		0,1 ha		0,07
Scirpetum lacustris		507 m^2		0,03
Typhetum angustifolio-latifolae		390 m^2		0,02
Sparganietum ramosi		117 m^2		0,006
Rorippo-Oenanthetum		117 m^2		0,006
Caricetum vulpinae		78 m^2		0,004
5. Säume und Staudenfluren	0,7 ha		0,34%	
Cuscuto-Convolvuletum sepii		0,6 ha		0,31%
Galio-Impatientetum noli-tangere		234 m^2		0,01
Veronico-Euphorbietum palustris		195 m^2		0,009
Stachyo-Melampyretum nemorosi		195 m^2		0,009
Urtico-Cruciaetum laevipes		78 m^2		0,004
6. Acker	4,6 ha		2,33%	
7. Siedlungsgelände	2,3 ha		1,16%	

Artenmannigfaltigkeit bei kleinräumiger Standortsvielfalt, weist deutlich auf den Grenzlinieneffekt (edge effect) hin und muß bei der Konzipierung von Behandlungsrichtlinien für Naturschutzgebiete beachtet werden.

4. Der Einfluß der Eutrophierung auf die Vegetationseinheiten

Auf der Grundlage der vegetationskundlichen Bearbeitung und der Kartierung lassen sich Aussagen über den Einfluß der Eutrophierung auf die Vegetationseinheiten und die räumliche Ausdehnung der Eutrophierung formulieren. An erster Stelle sollen aber die gefundenen Eutrophierungsquellen dargestellt werden:

- Einleitung von Kommunalabwässern der Stadt Wörlitz in den „Krägen“
- Eintrag von nährstoffreichen Oberflächenwässern aus einer im unmittelbaren Uferbereich am „Krägen“ befindlichen Rinderzuchtanlage und Eintrag von Silosickersäften im Havariefall aus Siloanlagen im Bereich der Rinderzuchtanlage
- Eintrag von Abwässern aus Einzelsiedlungen im Uferbereich des „Krägen“
- Zufluß stark eutrophierter Abwässer durch den Fließgraben in den „Riß“
- Rückstau von Elbewasser in den „Riß“ und Ablagerung nährstoffreicher Hochflutsedimente der Elbe im Überschwemmungsbereich
- Einbringung von Dünger auf die Wiesenflächen
- Aeolischer Eintrag von Nährstoffen durch Winderosion auf benachbarten Ackerflächen.

In den Wiesenflächen lassen sich in Abhängigkeit von Höhenlage zum Fluß, Mikrorelief und Maschinenzugänglichkeit unterschiedliche Eutrophierungsstufen aus der daraus resultierenden Düngungsintensität feststellen. Auf einer extensiv bewirtschafteten, innerdeichs gelegenen, kaum gedüngten Mähwiese treten mit *Festuca ovina*, *Luzula campestris*, *Anthoxanthum odoratum*, *Avenochloa pubescens*, *Leontodon hispidus*, *Rhinanthus minor*, *Euphrasia officinalis* und *Trifolium dubium* eine große Zahl Magerkeitszeiger auf. In schwach gedüngten Beständen, die aufgrund stärker reliefierter Standorte extensiv genutzt werden, charakterisieren *Lychnis flos-cuculi*, *Chrysanthemum leucanthemum*, *Selinum carvifolium* und *Galium verum* die Nährstoffstufe. Die Magerkeitszeiger der vorher erwähnten Flächen fehlen weitgehend. Den restlichen intensiver genutzten Wiesen fehlen die oben erwähnten Artengruppen. Dennoch weisen sie relativ artenreiche Pflanzenbestände auf, die noch weit hinter dem floristischen Verarmungsgrad des Intensivgraslandes zurückstehen. Es muß hervorgehoben werden, daß die ausgesprochen artenreichen Wiesenbestände nur ca. 3% von der Gesamtwiesenfläche im Gebiet einnehmen. Diese Größeneinheit kann nicht den Fortbestand artenreicher Graslandflächen im NSG garantieren. Die Flutrasen des Gebietes sind zum größten Teil in die Düngungsflächen einbezogen. In ihnen spiegelt sich jedoch der Nährstoffeintrag kaum wieder, da sie von Natur aus auf nährstoffreichen Standorten wachsen. Die trockenen Grasfluren auf dem Hochwasserdeich, die nur extensiv durch Schafhutung genutzt werden, stellen nährstoffarme Standorte für artenreiche Rasengesellschaften dar. Stellenweise Eutrophierungstendenzen können auf aeolischen Nährstoffeintrag durch Winderosion auf benachbarten Ackerflächen zurückgeführt werden.

In den von Natur aus auf ausgesprochen nährstoffreichen Standorten stockenden Auenwäldern läßt sich kaum eine Differenzierung durch Nährstoffeintrag herausarbeiten. Spezielle Untersuchungen an Waldrändern wurden von uns nicht durchgeführt. Eine deutlich auftretende Differenzierung innerhalb der Subassoziation carpinetosum weist bei den innerdeichs gelegenen Flächen eine Gruppe von Bodengarezeigern auf, die auf eine spezifische Bodenentwicklung auf nichtüberfluteten Auenböden weisen. Die außerdeichs

gelegenen Flächen sind durch eine Gruppe hochwasserresistenter Nährstoffzeiger ausgewiesen.
In den nitrophilen Staudenfluren konnten verständlicher Weise keine Eutrophierungstendenzen nachgewiesen werden. Es muß allerdings darauf verwiesen werden, daß die Sumpf-Wolfsmilchgesellschaft an verschiedenen Stellen von den Brennesselfluren verdrängt wird, was sicher eine Folge zunehmender Eutrophierung ist.
Der Einfluß des starken Nährstoffeintrages in die Gewässer des Gebietes ist an der Röhricht- und Großseggenvegetation nicht ablesbar, da die Ausbildungen dieser Pflanzengesellschaft ohnehin charakteristisch für nährstoffreiche Standorte sind, wie sie im Mittelelbegebiet in der Regel auftreten (vgl. HILBIG 1971, REICHHOFF 1978). Dagegen sind die Wasserpflanzengesellschaften ausgezeichnete Indikatoren für den Grad der Wasserverunreinigung. Der stark eutrophierte „Krägen“ wird heute nur noch von einartigen bis extrem artenarmen *Nuphar-* und *Nymphaea*-Beständen, kleinflächigen Wasserlinsenbeständen und sehr selten auftretenden *Potamogeton natans*-Polycormonen besiedelt. Die ehemals artenreiche Wasservegetation ist verschwunden. Insbesondere trifft das für die Vorkommen von *Trapa natans* zu, die bis Mitte der 60er Jahre große Bestände bildete. Gerade die Wassernuß gehört im Mittelelbegebiet zu den am stärksten durch die Eutrophierung gefährdeten Wasserpflanzenarten. Ihr Rückgang konnte für zahlreiche Fundorte nachgewiesen werden (vgl. REICHHOFF 1974/75).
Deutlich wird auch die Veränderung der Artenkombination der Gesellschaften am Beispiel der Teichrosengesellschaft. Die Spalte 9 und 10 der Tabelle 7 geben Aufnahmen aus dem Jahre 1979 wieder, wohingegen in Spalte 11 Aufnahmen aus dem Jahre 1972 zusammengestellt sind. 1972 waren die Bestände durch das häufige Auftreten von *Stratiotes aloides* und *Sagittaria sagittifolia* charakterisiert, *Potamogeton perfoliatus*, *Potamogeton obtusifolius* und *Ranunculus circinatus* traten hinzu. 1979 fehlen bereits diese Arten. Die Gesellschaft differenziert sich weiterhin durch das Vorhandensein der Nährstoffreichtumszeiger *Potamogeton pectinatus* Var. *scoparius* und *Lemna trisulca*. Auch im „Riß“ sind die Wasserpflanzengesellschaften stark an Arten verarmt und werden durch das verbreitete Potametum pectinato-perfoliati beherrscht.
Die Vielzahl der Wasserpflanzenarten siedelt heute in den kleinen Deichaushublöchern. Hier wirkt die Eutrophierung nicht so einschneidend, da die Wasserkörper bei jedem Hochwasser erneuert werden und die Selbstreinigungsprozesse relativ schnell ablaufen. So treffen wir gegenwärtig auf die Situation, daß auf 20, 25 ha Wasserfläche des „Krägen“ und des „Riß“ — das sind ca. 95% der Gesamtwasserfläche — nur 8 Vegetationseinheiten mit 15 Arten entfallen. Dagegen siedeln in den Kleingewässern der Deichaushublöcher mit 1,25 ha Wasserfläche 10 Vegetationseinheiten mit 26 Arten.

Zusammenfassung

Aus dem Naturschutzgebiet „Krägen-Riß“ bei Wörlitz wurden 35 Assoziationen erfaßt, tabellarisch belegt und auf einer Vegetationskarte dargestellt. Der Einfluß der Eutrophierung auf die Vegetationseinheiten wird diskutiert.

Резюме

Растительность природного резервата „Крэген-Рис“ в области средней Эльбе под Вёрлицем

В природном резервате „Крэген-Рис“ под Вёрлицем инвентаризировано 35 ассоциаций, они были описаны в таблицах и изображены на вегетационных картах. Обсуждено влияние эвтрофикации на растительные единицы.

Summary

The vegetation of nature reserve "Krägen-Riß" in the valley of Elbe river near Wörlitz. From the nature reserve "Krägen-Riß" near Wörlitz 35 associations are described and reflected in lists. A vegetation map is given. The influences of eutrophication on the vegetation units are discussed.

Literatur

DIERSCHKE, H.: Neue Saumgesellschaften in Südniedersachsen und Nordhessen. Mitt. flor.-soz. Arbeitsgem. N.F. 15/16 (1973) 66—85

Handbuch der Naturschutzgebiete der Deutschen Demokratischen Republik, Bd. 3, Jena-Leipzig-Berlin 1973

HILBIG, W.: Übersicht über die Pflanzengesellschaften des südlichen Teiles der DDR. II. Die Röhrichtgesellschaften. Hercynia N.F. 8, 4 (1971) 256—285

HILBIG, W.; HEINRICH, W.; NIEMANN, E.: Übersicht über die Pflanzengesellschaften des südlichen Teiles der DDR, IV. Die nitrophilen Saumgesellschaften. Hercynia N.F. 9, 3 (1972) 229—270

HUNDT, R.: Beiträge zur Wiesenvegetation Mitteleuropas. I. Die Auenwiesen an Elbe, Saale und Mulde. Nova Acta Leopold. N.F. 20, 135 (1958) 1—206

MEISEL, K.: Flutrasen des nordwestdeutschen Flachlandes. Mitt. flor.-soz. Arbeitsgem. N.F. 19/20 (1977) 211—217

NIEMANN, E.: Grundwasser und Vegetationsgefüge. Nova Acta Leopold, Suppl. 6 (1973) 1—172

PASSARGE, H.: Vegetationskundliche Untersuchungen in Wäldern und Gehölzen der Elbaue. Arch. Forstwes. 5, 3/4 (1956) 339—358

PASSARGE, H.: Über Wiesensaumgesellschaften. Fedd. Rep. 86, 9/10 (1975) 599—617

PASSARGE, H.; HOFMANN, G.: Pflanzengesellschaften des nordostdeutschen Flachlandes II. Pflanzensoziologie 16, Jena 1968

REICHHOFF, L.: Bericht über den Zustand der Wasser- und Sumpfvegetation im Sarensee — NSG „Sarenbruch“, Krs. Roßlau, Natursch. naturkdl. Heimatforsch. Bez. Halle u. Magdeburg 11/12 (1974/75) 105—111

REICHHOFF, L.: Die Wasser- und Röhrichtpflanzengesellschaften des Mittelelbegebietes zwischen Wittenberg und Aken. Limnologica (Berlin) 11, 2 (1978) 409—455

SCHNELLE, E.: Die Pflanzen- und Forstgesellschaften des Naturschutzgebietes „Steckby-Lödderitzer-Forst“. Dipl.-Arb., Mskr., Halle 1976

TÜXEN, R.; BRUN-HOOL, J.: Impatiens noli-tangere Verlichtungsgesellschaften. Mitt. flor.-soz. Arbeitsgem. 18 (1975) 133—155

WEINITSCHKE, H.; THRON, R.: Die Erfassung der Naturausstattung von Naturschutzgebieten und ihre Gruppierung mittels mathematischer Vergleiche. Arch. Natursch. u. Landschaftsforsch. 19, 4 (1979) 241—245

Eingegangen: 15. 9. 1980

Dr. WOLFGANG BÖHNERT
DDR-4090 Halle-Neustadt
482/5

Dr. LUTZ REICHHOFF
Institut für Landschaftsforschung
und Naturschutz Halle
DDR-4020 Halle/Saale
Neuwerk 4

Arch. Naturschutz u. Landschaftsforsch., Berlin **21**, 1981, 2, S. 93—103

REINHARD DOLL

Die Vegetation der Kastaven-Seen im Kreis Gransee/Bezirk Potsdam

1. Lage, Größe, Geologie und Hydrographie

Die Kastaven-Seen liegen etwa 5 km W Lychen im Forst Neuthymen (MTB. 2745). Sie erstrecken sich von N nach S mit schwacher Ausrichtung nach W (Abb. 1). Während der Kl. Kastaven-See von herzförmiger Gestalt ist, weisen der Gr. (= Untere) und der Ober-Kastaven-See eine langgestreckte Gestalt und, von den Halbinseln und Landzungen abgesehen, fast gleiche Breite auf ihrer gesamten Länge auf. Die Wasserfläche aller drei Seen liegt 62,5 m über NN. Länge, Breite und Fläche sind in Tabelle 1 erfaßt.

Tabelle 1
Morphologische Parameter der Kastaven-Seen

See	max. Länge	max. Breite	min. Breite	∅ Breite	Fläche in ha
Kl. Kastaven-See	250 m	270 m	30 m	150 m	≈ 1,3
Gr. Kastaven-See	2500 m	280 m	40 m	240 m	≈ 100,0
Ober-Kastaven-See	1800 m	280 m	20 m	220 m	≈ 41,0

Geologisch ist die Seenrinne in Jungpleistozänbildungen des Pommerschen und Frankfurter Stadiums der Weichselvereisung eingesenkt. Die Sander des Pommerschen Stadiums bilden die Umgebung des Untersuchungsgebietes (= UG). NW der Kastaven-Seen erstrecken sich die Dabelower Endmoränen des Neustrelitzer Bogens der Haupt-Endmoräne. Die Kastaven-Seen gehören zum Einzugsgebiet der oberen Havel. Während der Ober- und Gr. Kastaven-See durch einen künstlichen Durchstich verbunden sind, durch den ein schwacher Austausch vom Gr. zum Ober-Kastaven-See erfolgt, war der Kl. Kastaven-See durch einen Graben mit dem Krummen See verbunden. Die Kastaven-Seen sind u. E. als eine eiszeitliche Schmelzwasserrinne aufzufassen, die durch die vom Brückentiner-See kommenden Gletscher- und Wassermassen geformt wurde, nachdem das Eis abgetaut war. Während der Obere und der Kleine Kastaven-See nur geringe Tiefen aufweisen, ist der Gr. Kastaven-See (kurz: Kastaven) wesentlich tiefer.[1] Das Nordbecken ist maximal 7,5 m tief. Während N- und O-Ufer nach wenigen Metern steil abfallen und eine schmale Schaar besitzen, ist das W-Ufer wesentlich flacher und stärker verlandet. Durch eine nur wenige Meter breite Durchfahrt, die etwa 30 cm Wassertiefe aufweist, ist das Nordbecken vom „Hals", einem schmalen Verbindungsstück, getrennt (vgl. Abb. 1). Im „Hals" befindet sich mit 12,5 m die tiefste Stelle der gesamten Kastaven-Seenkette. Auch der „Hals" setzt sich von der nachfolgenden „Krumme" durch eine Enge ab. Die „Krumme" ist durchschnittlich 5—6 m tief und wird erst vor einer Untiefe, die das Hauptbecken des Gr. Kastaven-Sees von der „Krumme" abtrennt, 10—11 m tief. Diese Tiefe weist das Hauptbecken ebenfalls auf. Der Südteil ist wiederum durch eine Röhrichtzone sowie eine vorgeschobene Untiefe vom Hauptbecken abgegliedert und max. 6 m tief. Durch einen Graben mit Fließrichtung in den Ober-Kastaven-See sind beide Seen verbunden. Der Ober-Kastaven-See ist deutlich flacher als der Gr. Kastaven-See. Im N-Teil ist dieser See max. 4 m tief. Durch einen „Verlandungsteil", in dem das Wasser in der nur wenige Meter breiten „Fahrrinne" nur etwa 0,5 m tief ist, wird der N-Teil vom Mittel-Teil getrennt. Dieser „Mittel-Teil" ist ebenfalls nur max. 4 m tief. Der S-Teil ist schon völlig abgetrennt und war auf dem „Wasserwege" überhaupt nicht mehr zu erreichen. Da dieser Teil durch eingeleitete Abwässer stark verschmutzt war, führten wir keine Tiefenmessungen mehr durch, vermuten aber wohl mit Recht ähnliche Tiefen wie im übrigen Teil des Ober-Kastaven-Sees. Bemerkenswert ist die Teilung der Kastaven-Seen durch Untiefen, Landzungen und Röhrichte, die wir in dieser starken Ausbildung bisher an keinem anderen See sahen. Die Ufer sind in den einzelnen Abschnitten relativ steil

[1] Herrn M. STEGEMANN, Neustrelitz, danke ich für seine Hilfe bei der taucherischen Erfassung der Kastaven-Seen.

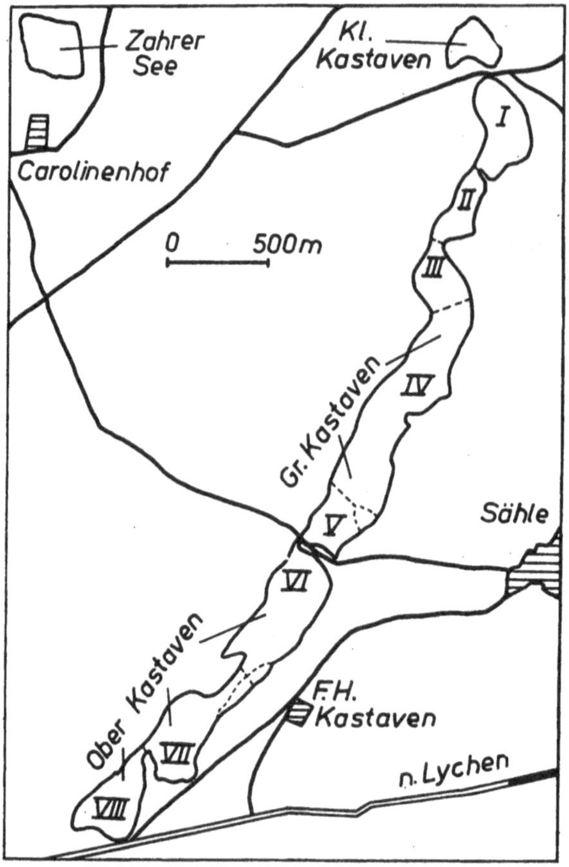

Abb. 1: Lageskizze der Kastaven-Seen

und nur zuweilen als flache Sandufer ausgebildet. Das Sediment ist eine helle Kalk-Gyttja, während im Ober-Kastaven-See schon bedeutende Schlammschichten abgesetzt sind. Terrassen sind besonders am O-Ufer des Gr. Kastaven entwickelt und steigen bis 15 m empor.
Über die chemische Beschaffenheit des Wassers gibt Tabelle 2 Auskunft.
Die Sauerstoffbilanz des Gr. Kastaven ist gut. Der O_2-Gehalt in 9 m Tiefe kennzeichnet den See als β-mesotroph. Der Kalzium-Gehalt des freien Wassers in charakteristisch. Nährstoffe sind im Wasser kaum nachweisbar. Die Wasserfarbe ist blaugrün. H_2S konnten wir nicht nachweisen. Die Sichttiefe betrug am 2. 8. 78 im Gr. Kastaven 5,5 m, im Ober-Kastaven-See aber nur etwa 3 m (vgl. Tab. 3).
Das Plankton war relativ individuenreich entwickelt. Nach der Formel von PANTLE und BUCK (vgl. 1963) wurde der Saprobienindex S berechnet, der etwa bei 1,8 liegt, d. h. der Gr. Kastaven-See ist etwas besser als β-mesosaprob. Demgegenüber lag der Saprobienindex des Ober-Kastaven-Sees bei 2,3 und wird sich bei gleichbleibender Entwicklungstendenz weiter verschlechtern. Das Südbecken war polytroph und im Plankton dominierten *Microcystis flos-aquae*, *M. aeruginosa* sowie *Oscillatoria*-Arten.

2. Die Vegetationsverhältnisse der Kastaven-Seen (Abb. 2)

2.1. Die submersen Pflanzengesellschaften

Die Vegetation reicht im Gr. Kastaven bis 8 m Tiefe, darüber hinaus fanden wir nur noch vereinzelte Pflanzen von *Nitellopsis obtusa*. Da die Flachwasserbereiche schmal sind und zum großen Teil noch von Röhrichten eingenommen werden und die Schaar meist steil

Tabelle 2
Chemische Eigenschaften des Wassers

Aussehen nach 24 h: In allen Proben farblos und klar				
pH-Wert:	7,2	7,5	7,6	7,2
Gesamthärte in °dH:	6,6	—	—	—
akt. Sauerstoffgehalt in mg/l:	10,4	10,8	10,3	1,9
BSB 2/5 in mg/l:	0,8/—	—/3,3	—/3,0	—/1,1
Kalzium in mg/l:	42,4	—	—	—
Magnesium in mg/l:	2,9	—	—	—
Ammoniumverbindungen in mg/l:	0,2	0,17	0,18	0,35
Nitrate in mg/l:	n.n.	0,01	0,01	0,01
Nitrite in mg/l:	n.n.	<0,004	<0,004	<0,004
o-Phosphate in mg/l:	n.n.	<0,01	<0,01	<0,01
Sulfat in mg/l:	—	37,6	22,2	29,1
Alkalität in mval/l:	1,6	—	—	—
Temperatur in °C:	18	20	20	13
Datum der Entnahme:	3. 10. 76	2. 8. 78	1. 8. 78	1. 8. 78
Name des Probenziehers:	Doll	Doll	Doll	Doll
Ort der Entnahme:	Kastaven	Kastaven, N-Becken	Kastaven	Kastaven
Agar-Keimzahl/ml:	1340	—	—	—
Endokeimzahl/ml:	4	—	—	—

Tabelle 3
Sichttiefen und Wasserfarben der Kastaven-Seen

See bzw. Seeteil	Sichttiefe in m	Wasserfarbe (visuell)
Kl. Kastaven-See	ca. 1,5	dunkel
Gr. Kastaven-See, N-Becken	4,5	bläulich-bräunlichgrün
Gr. Kastaven, Hauptbecken	5,5	bläulich-grünlich
Ober-Kastaven, Nordteil	3,5	bläulich-bräunlich
Ober-Kastaven, Mittelteil	3,0	bräunlich
Ober-Kastaven, S-Becken	<0,5	giftgrün (Blaualgen)

abfällt, war kein Charetum contrariae bzw. Charetum asperae entwickelt. Lediglich Einzelpflanzen von *Chara delicatula* und *C. contraria*, selten von *Chara aspera*, waren zu finden. An einigen Stellen entdeckten wir in etwa 0,3—1 m Tiefe Bestände von *Myriophyllum alterniflorum*, *M. spicatum* und *Najas major* subsp. *intermedia*.

Die Leitgesellschaft des Gr. Kastaven ist das Charetum tomentosae (Tab. 4, Aufn. 1—14). Es ist kennzeichnend für Seen mit mäßig nährstoffreichen Verhältnissen. Kommt das Charetum tomentosae großflächig vor, so ist der entsprechende See auch durch bestimmte chemisch-limnologische Werte ausgezeichnet. Diesen Seetyp bezeichnen wir als „*Chara tomentosa*-Typ". Da aber *Chara tomentosa* auch noch im eutrophen Bereich vorkommt und auch sekundär oligotrophe Gewässer nicht meidet, ist ein reiner *Chara tomentosa*-Typ in Mecklenburg selten. In der Mehrzahl der Fälle handelt es sich um Mischtypen, in denen das Charetum tomentosae eine dominierende Stellung einnehmen kann. Um einen solchen *Chara tomentosa*-Mischtyp handelt es sich beim Gr. Kastaven-See. Das Charetum tomentosae typicum besteht entweder nur aus dichten unterseeischen Wiesen der namensgebenden Art, oder der *Chara tomentosa* sind einige wenige Characeen beigemischt (Tab. 4, Aufn.

Tabelle 4

Submerse Pflanzengesellschaften des Gr. Kastaven-Sees

Aufn. 1—14: Charetum tomentosae CORILL. 57, Aufn. 1—3: Charetum tomentosae typicum, Aufn. 4—11: Charetum tomentosae potamogetonetosum pectinati DOLL subass. nov., Aufn. 12—14; Charetum tomentosae nitellopsietosum obtusae (JESCHKE 63) DOLL comb. nov.; Aufn. 15—18: Najadetum intermediae (KOCH 26) LANG 73; Aufn. 19—22: Charetum hispidae CORILL. 57; Aufn. 23 + 24: Charetum filiformis KRAUSCH 64; Aufn. 25—27: *Ceratophyllum-Myriophyllum spicatum-*Gesellschaft

Aufnahme-Nr.	1	2	3	4	5	6	7	8	9	10	11	12	13	14	15	16	17	18	19	20	21	22	23	24	25	26	27
Wassertiefe in m	1	1	3	3	2	2,5	3	2,5	2	2	2	4	5	5	2	3	3	2,5	4	3	6	3,5	5	6	3	3	3
Artenzahl	1	3	3	4	4	4	5	4	7	4	8	4	4	3	1	4	3	2	1	2	3	1	1	3	3	4	6
C-Ass.:																											
Chara tomentosa	5	5	5	2	2	4	4	4	3	2	2	3	3	4	—	+	—	—	—	2	1	—	—	—	—	—	—
D-Subass.:																											
Potamogeton pectinatus	—	—	—	—	+	+	+	+	+	—	+	—	—	—	—	—	—	—	—	—	—	—	—	—	—	—	+
C-Ass.u. D-Var.:																											
Najas major subsp. intermedia	—	—	—	—	—	—	—	—	—	—	2	—	—	—	5	4	4	4	—	—	—	—	—	—	—	—	—
D-Subass.:																											
Nitellopsis obtusa	—	—	—	—	—	—	—	—	—	—	—	2	2	1	—	—	—	—	—	—	—	—	—	—	—	—	—
C-Ass.:																											
Chara hispida	—	—	—	—	—	—	—	—	—	—	—	—	—	—	—	—	—	3	5	3	4	5	—	1	—	—	—
C-Ass.:																											
Chara jubata	—	—	—	—	—	—	—	—	—	—	—	—	—	—	—	—	—	—	—	—	—	—	5	4	—	—	—
Kennarten:																											
Ranunculus circinatus	—	—	—	—	—	—	—	—	+	—	—	—	—	—	—	—	—	—	—	—	—	—	—	—	2	2	1
Ceratophyllum demersum	—	—	—	1	—	+	+	—	+	—	—	—	—	—	—	—	—	—	—	—	—	—	—	—	2	2	1
Myriophyllum spicatum	—	—	—	+	—	1	+	—	+	+	+	—	—	—	—	—	—	—	—	—	—	—	—	—	2	3	4
Potamogeton lucens	—	—	—	—	—	—	—	1	—	—	—	—	—	—	—	—	—	—	—	—	—	—	—	—	—	—	+
Stratiotes aloides f. *submersa*	—	—	—	—	—	—	—	—	2	4	—	—	—	—	—	—	—	—	—	—	—	—	—	—	—	—	—
Begl.:																											
Utricularia vulgaris	—	—	—	—	2	—	—	—	1	1	1	—	—	—	—	+	—	—	—	—	—	—	—	—	—	+	1
Chara tomentosa subinermis	—	—	1	3	3	—	+	1	—	—	2	+	+	+	—	—	+	—	—	—	—	—	—	—	—	—	—
Chara fragilis var. *hedwigii*	—	—	1	—	—	—	—	—	—	—	—	+	+	—	—	—	—	—	—	—	1	—	—	1	—	—	—
Chara delicatula	—	+	—	—	—	—	—	—	—	—	2	—	—	—	—	+	—	—	—	—	—	—	—	—	—	—	—
Chara contraria	—	+	—	—	—	—	—	—	—	—	1	—	—	—	—	—	+	—	—	—	—	—	—	—	—	—	—

Außerdem je einmal in Aufnahme 2: *Chara aspera* +

1—3). Im Gr. Kastaven siedelte das typische Charetum tomentosae von 0,5—5 m. Wegen der ausgebildeten Steilschaar war das Charetum tomentosae manchmal nur schütter entwickelt, in einigen Fällen beobachteten wir nur verstreute Einzelpflanzen. Diese Beobachtungen gaben uns Anlaß zu der Feststellung, daß die oft fehlende Besiedlung der steilen Schaare mechanische Ursachen hat (z. B. schlechte Keimung infolge Steilheit, Wellenschlag, Eisbewegung, Gefrornis, Windbewegung). Im N-Becken fanden wir im Charetum tomentosae verschiedene Eutraphenten, so daß wird diese Aufnahmen zum Charetum tomentosae potamogetonetosum pectinati DOLL subass. nov. zusammenfassen (Tab. 4, Aufn. 4—11). Zu den Differentialarten gehören außer *Potamogeton pectinatus* noch *Ceratophyllum demersum* und *Myriophyllum spicatum*. Häufiger tritt auch *Utricularia vulgaris* in dieser Subass. auf. Das Vorkommen der Untergesellschaft im N-Becken ist u. E. dadurch zu erklären, daß hier durch den intensiven Badeverkehr der Anlieger eine deutliche Eutrophierung stattgefunden hat. Die Nährstoffe allerdings sind in der Vegetationsperiode noch nicht im freien Wasser nachweisbar, sondern ins Sediment gelangt und nur ersichtlich aus dem verstärkten Wachstum von Eutraphenten.

An einigen Stellen siedelte in dieser Subass. *Potamogeton lucens* (Tab. 4, Aufn. 8). Wir fassen diese Bestände als Variante von *Potamogeton lucens* des Charetum tomentosae potamogetonetosum pectinati auf. Ebenfalls hauptsächlich im N-Becken siedelt die Variante von *Stratiotes aloides* f. *submersa* (Tab. 4, Aufn. 9 + 10). *Stratiotes aloides* f. *submersa* kann zur beherrschenden Art werden und alle übrigen Pflanzen unterdrücken. Ob es sich hier eventuell um eine eigene Gesellschaft höheren Ranges handelt, kann zur Zeit nicht entschieden werden. Bestände mit *Najas major* subsp. *intermedia* fassen wir als Variante von *Najas intermedia* des Charetum tomentosae potamogetonetosum pectinati auf. Sie deutet darauf hin, daß auch im N-Becken bessere, d. h. nährstoffärmere Verhältnisse vor Jahren vorhanden waren. Diese Variante geht max. bis 2,5 m tief. In etwas größeren Tiefen (ab 3 m) tritt im Charetum tomentosae die Art *Nitellopsis obtusa* auf (Tab. 4, Aufn. 12—14). Wir betrachten diese Bestände als Charetum tomentosae nitellopsietosum obtusae und stellen sie der typischen Subassoziation und der Subass. von Potamogeton pectinatus gegenüber. JESCHKE (1963) faßte derartige Bestände als Charo-Nitellopsidetum obtusae auf, einer Ansicht, der wir nicht zustimmen können, da diese Vergesellschaftung zwischen dem Charetum tomentosae und dem Nitellopsidetum obtusae vermittelt und keine Eigenständigkeit im Range einer Assoziation besitzt.

Die Gesellschaft des Mittleren Nixkrautes (= Najadetum intermediae) ist im Gr. Kastaven besonders auf der O-Seite entwickelt (Tab. 4, Aufn. 15—18). In ihrer optimalen und typischen Ausbildung tritt diese Gesellschaft als Einart-Gesellschaft auf, seltener sind einige Begleiter beigemischt, besonders an den Rändern der Assoziation. Das Najadetum intermediae reicht im Gr. Kastaven von 1—3,5 (—4) m Tiefe. Es steht im Kontakt mit dem Charetum tomentosae, Charetum hispidae und dem Charetum filiformis. Besonders das Charetum hispidae durchsetzt zuweilen inselartig das Najadetum und bildet mit diesem einen mosaikartigen Gesellschaftskomplex.

Großflächig ist im Kastaven auch das Charetum hispidae entwickelt (Tab. 4, Aufn. 19—22). Es reicht von 1—7 m Wassertiefe. Häufig schließt es an das Charetum tomentosae nach der Tiefe an, kann aber auch im flacheren Wasser Wiesen bilden. In seiner typischen Ausbildung (= Charetum hispidae typicum) ist es eine Einart-Gesellschaft, die nur aus der namensgebenden Art besteht. *Chara hispida* ist unter optimalen Bedingungen sehr konkurrenzstark und den anderen Characeen (incl. *Naja intermedia*) überlegen, so daß in das Charetum hispidae typicum keine anderen Pflanzen eindringen können. Andererseits dringt aber *Chara*

hispida oft in andere, benachbarte Assoziationen ein und durchsetzt diese. U. E. benötigt das Charetum hispidae für seine großflächige Ausbildung eine bessere Wasserqualität (z. B. höhere Sichttiefen) sowie geringere Nährstoffdargebote als das Charetum tomentosae. Die Gesellschaft tritt deshalb im eutrophen Bereich zurück oder wird dort relativ schnell zerstört. Im N-Becken fanden wir daher das Charetum hispidae nicht und im Ober-Kastaven-See war es in Auflösung begriffen bzw. nur noch als veralgtes Fragment vorhanden.
Ab 4—7 m kann im Gr. Kastaven das Charetum filiformis auftreten (Tab. 4, Aufn. 23 + 24). Es schließt häufiger an das Charetum hispidae an oder siedelt in Horsten von 2—4 m^2 Durchmesser in dieser Gesellschaft. *Chara aculeolata* fanden wir nicht in dieser Assoziation im Gr. Kastaven. U. E. ist aber auch das Charetum filiformis des Kastaven nicht optimal entwickelt, da die Schaar zu steil abfällt. Auch diese Gesellschaft belegt, daß der Gr. Kastaven nicht ein reiner *Chara tomentosa*-Typ ist, sondern „besser“ eingestuft werden muß.
Eine Besonderheit des Kastaven ist u. a., daß zur Tiefe hin das Nitellopsidetum obtusae nicht immer den Vegetationsschluß bildet, da es im UG bemerkenswert zerstreut auftritt. Dafür bildet häufiger das Charetum hispidae die untere Grenze der Vegetation. Im Gr. Kastaven tritt das Nitellopsidetum obtusae ausschließlich in der typischen Ausbildung auf (vgl. KRAUSCH 1964). Im N-Becken siedelt eine *Ceratophyllum-Myriophyllum spicatum*-Gesellschaft (Tab. 4, Aufn. 25—27), die die Eutrophierung dieses Beckens außerordentlich verdeutlicht.

2.2. Potamogetonetea Tx. et PRSG. 42

Schwimmblatt- und Laichkrautgesellschaften sind in den Kastaven-Seen nicht optimal entwickelt. *Nymphaea alba* in der typischen Form wächst an verschiedenen Stellen in den Seen, während *Nuphar luteum* selten auftritt. *Potamogeton natans* siedelt dagegen fast nur im Ober-Kastaven-See, während *Nymphaea alba minor* nur im Kl. Kastaven-See vorhanden ist. An einer Stelle beobachteten wir *Potamogeton nitens*.

2.3. Phragmitetea Tx. et PRSG. 42

Die an den Kastaven-Seen vorherrschende Röhrichtgesellschaft ist das Phragmitetum communis, das besonders am Gr. Kastaven dominiert. Es ist meist ein schütteres und schmales Röhricht und besteht nur aus *Phragmites australis*, seltener sind *Typha angustifolia* oder *Cladium* beigemischt. Die zweite Röhrichtgesellschaft, die streckenweise dominiert, ist das Typhetum angustifoliae. Es tritt am Gr. Kastaven relativ selten auf, ist aber am Ober-Kastaven-See die bestimmende Gesellschaft der Phragmitetea. Es ist zwar meist schmal, aber immer dichtwüchsig. Besonders stark tritt *Typha angustifolia* an den sich verengenden Stellen sowie im S-Teil des Ober-Kastaven-Sees auf. Hier ist die Verlandung weit fortgeschritten und hat nährstoffreichen Schlamm produziert, auf dem das Typhetum angustifoliae siedelt. An einigen Stellen beobachteten wir das Scirpetum lacustris, das hauptsächlich aus *Schoenoplectus lacustris* besteht. Großflächiger ist dagegen das Cladietum marisci entwickelt, das dichte, aber meist schmale Rieder bildet. Wo Schilf und Schneide zusammen vorkommen, steht das Schilf meist mehr zum Ufer hin, während die Schneide tiefer im Wasser vorkommt. *Typha angustifolia* und *Phragmites* verhalten sich ebenso, während *Cladium* und *Typha angustifolia* nur relativ selten zusammen auftreten.
Selten fanden wir an den Kastaven-Seen eine *Eleocharis palustris*-Gesellschaft, die im flachen Wasser siedelte und nur aus der namensgebenden Art bestand.

Tabelle 5
Ufergesellschaften der Kastaven-Seen
Aufn. 28—31: *Eleocharis quinqueflora*-Gesellschaft; Aufn. 32—34: *Juncus articulatus*-Gesellschaft; Aufn. 35—40: *Juncus alpinus*-Gesellschaft, Aufn. 38—40: *Centaurium umbellatum*-Variante der *Juncus alpinus*-Gesellschaft

Aufnahme-Nr.	28	29	30	31	32	33	34	35	36	37	38	39	40
Aufnahmefl. in m²	4	4	4	4	6	6	6	4	4	2	4	2	2
Deckung in %	100	90	100	100	80	90	80	90	80	70	40	60	60
Artenzahl	9	5	11	6	4	1	5	8	8	7	3	5	5
C-Ass.:													
Eleocharis quinqueflora	4	5	3	4	—	—	—	—	—	—	—	—	—
C-Ass.:													
Juncus articulatus	1	1	3	+	4	5	4	—	1	—	—	—	—
C-Ass.: *Juncus alpino-articulatus*	1	—	—	—	—	—	—	1	3	2	1	1	1
Centaurium erythraea	—	—	—	—	—	—	—	—	—	—	1	2	1
Carex oederi	2	+	1	2	+	—	+	1	1	2	2	2	2
Hydrocotyle vulgaris	—	1	2	1	1	—	1	2	2	2	—	—	—
Carex lepidocarpa	—	+	—	1	—	—	—	—	1	1	—	1	1
Begl.: *Agrostis stolonifera*	2	—	1	—	—	—	1	—	+	+	—	—	—
Bryum ventricosum	1	—	—	1	—	—	—	1	1	1	—	—	—
Carex panicea	—	—	—	—	—	—	—	4	2	1	—	1	2
Isolepis setaceus	—	—	1	—	+	—	—	—	—	—	—	—	—
Phragmites communis	1	—	—	—	—	—	—	+	—	—	—	—	—

Außerdem je einmal in Aufnahme 28: *Lycopus europaeus* +, *Taraxacum* sect. Palustria +
30: *Trifolium repens* 2, *Cirsium palustre* +, *Poa trivialis* 1, *Bryum bimum* 2, *Lolium perenne* +
34: *Holcus lanatus* 1
35: *Juncus effusus* +, *Cladium mariscus* +.

2.4. Die Ufervegetation

Die Ufervegetation ist nicht sehr reichhaltig entwickelt, da die Terrassen in ca. 20 m Entfernung vom Wasser emporsteigen und dieser Zwischenraum meist von Kieferforsten oder Erlenwald eingenommen wird. Hinzu kommt, daß der Flachwasserbereich schmal ist, so daß kaum freies Sandufer zur Verfügung steht, auf dem sich entsprechende Gesellschaften entwickeln könnten. Am O-Ufer des Ober- und des Gr. Kastaven-Sees siedelt auf dem kalkhaltigen Sand die *Eleocharis quinqueflora*-Gesellschaft (Tab. 5, Aufn. 28—31). Sie kann nur aus der namensgebenden Art bestehen und siedelt dann auf dem noch nassen Sand, der häufig im Frühjahr überflutet wird. Auf dem trockneren Sand tritt die Gesellschaft dann optimal auf, wird aber immer bestimmt durch *Eleocharis quinqueflora*. Es ist eine konkurrenzschwache Gesellschaft, die an Uferstellen siedelt, die durch menschliche bzw. durch natürliche Einflüsse frei gehalten werden. Die anthropogene Belastung darf allerdings nicht sehr groß sein, da dann *Eleocharis quinqueflora* verschwindet und an ihre Stelle häufig *Juncus articulatus* tritt und eine eigene Gesellschaft aufbaut, die widerstandsfähiger ist (Tab. 5, Aufn. 32—34).
An wenigen Stellen fanden wir eine *Juncus alpinus*-Gesellschaft (Tab. 5, Aufn. 35—37), die durch das stete Auftreten der kalkholden *Juncus alpinus* (= *J. alpino-articulatus*) charakterisiert wird. Auch diese Gesellschaft ist an freie Sandufer gebunden und wird durch *Carex panicea* und/oder *Carex flacca* überwachsen und durch die *Calamagrostis canescens*-Gesellschaft verdrängt. Eine besondere Ausbildungsform dieser Gesellschaft oder eine

eigene Assoziation wird durch *Centaurium erythraea* gekennzeichnet (Tab. 5, Aufn. 38—40). Wir fanden diese Gesellschaft selten am O-Ufer des Ober-Kastaven-Sees. Sie siedelte am *Betula*-Streifen bzw. im *Cladium-Phragmites*-Röhricht. Selten ist am O-Ufer eine *Isolepis setaceus*-Gesellschaft ausgebildet. Rings um die Seen zieht sich ein Erlenstreifen, der sich zu einem Erlenbruchwald verbreitern kann. Am O-Ufer des Ober- und Gr. Kastaven-Sees fand M. STEGEMANN im Jahre 1969 in diesem Erlenbruchwald 36 *Huperzia selago*-Bestände, die u. E. als die größten in Norddeutschland gelten können. Nach Aussagen von M. STEGEMANN hatten sich diese *Huperzia*-Bestände bis 1978 nur unwesentlich in ihrer Ausdehnung verändert; doch waren sie 1969 etwas geschlossener. Die Ursache dafür liegt m. E. auch darin, daß *Huperzia selago* die lichten Stellen im Erlenbruchwald bevorzugte, der Unterwuchs aber stärker geworden war. Dieses „Huperzio-Alnetum" ist m. E. eine eigene Gesellschaft, da wir Huperzia selago häufiger in derartigen trockneren Alneten auf der O-Seite mesotropher Seen fanden (Tab. 6, Aufn. 41—45).
Eine weitere Waldgesellschaft fanden wir ebenfalls am O-Ufer des Ober-Kastaven-Sees. Es handelt sich um eine *Lycopodium annotinum*-reiche Ausbildung eines Birkenbruchwaldes (Tab. 6, Aufn. 46 + 47).
Zuweilen ist statt des Erlensaumes entlang des Seeufers ein Birkensaum aus *Betula pendula* ausgebildet oder beide Arten stehen vermischt nebeneinander. Bemerkenswert ist, daß sowohl im Erlensaum bzw. -bruchwald als auch im Birkensaum bzw. -bruchwald *Rhamnus*

Tabelle 6
Waldgesellschaften der Kastaven-Seen
Aufn. 41—45: *Huperzio*-Alnetum; Aufn. 46 + 47: Lycopodio-Betuletum

Aufnahme-Nr.	41	42	43	44	45	46	47
Aufnahmefl. in m^2	4	4	9	4	16	16	16
Deckung in %	100	100	100	100	100	100	100
Artenzahl	12	11	12	15	13	9	9
Kennarten:							
Huperzia selago	4	4	3	3	4	—	—
Lycopodium annotinum	—	—	—	—	—	3	3
Begl.:							
Deschampsia flexuosa	3	2	2	2	3	2	3
Rhamnus frangula	2	1	+	2	2	2	3
Vaccinium myrtillus	2	r	+	—	1	3	2
Quercus robur	+	+	—	+	+	1	1
Betula pendula	1	—	—	1	1	3	3
Juniperus communis	—	—	+	+	r	1	+
Pinus sylvestris	—	—	—	+	+	2	2
Rubus idaeus	+	1	1	2	2	—	—
Oxalis acetosella	2	1	1	r	3	—	—
Alnus glutinosa	2	2	2	2	4	—	—
Calamagrostis canescens	1	1	+	—	—	—	—
Luzula pilosa	+	—	+	+	—	—	—
Dryopteris spinulosa	—	—	—	1	—	—	—
Fagus sylvatica	1	1	—	—	—	—	—
Lysimachia vulgaris	—	—	r	+	—	—	—
Deschampsia cespitosa	—	—	+	1	—	—	—
Populus tremula	—	—	—	—	r	1	+
Sorbus aucuparia	—	r	—	—	—	—	—
Potentilla erecta	—	—	—	+	—	—	—

frangula auftritt, zum Teil sogar in erheblicher Menge. An diese Ufer-Säume schließen sich im UG Kiefernforste an, die meist zum Deschampsio-Pinetum gehören, die durch das Auftreten von *Deschampsia flexuosa*, *Vaccinium myrtillus* und *Pleurozium schreberi* gekennzeichnet sind.

2.5. Die Ufervegetation des Kl. Kastaven-Sees

Die Ufervegetation des Kl. Kastaven-Sees weist durch den dystrophmesotrophen Charakter des Wassers sowie die Vermoorung Besonderheiten auf. Am SW-Ufer fanden wir einen *Polytrichum commune*-Schwingrasen mit *Carex limosa*, *Eriophorum angustifolium*, *Sphagnum recurvum*, *Rhynchospora alba*, *Drosera rotundifolia*, *Vaccinium oxycoccus*, *Polytrichum strictum*, *Eriophorum vaginatum*, *Andromeda polifolia* und der namensgebenden Art. Diese Gesellschaft siedelt im Kontakt mit einer *Thelypteris*-Zone, die aus *Typha angustifolia*, *Thelypteris palustris*, *Agrostis canina* und *Sphagnum recurvum* besteht. Das SO-Ufer wird von einer *Sphagnum*-Gesellschaft eingenommen, die aus *Sphagnum recurvum*, *Comarum palustre*, *Hydrocotyle vulgaris*, *Carex lasiocarpa*, *Peucedanum palustre*, *Agrostis canina* besteht. Das O-Ufer wird von einem *Hydrocotyle Menyanthes-Juncus effusus-Equisetum limosum*-Saum beherrscht und grenzt direkt an den Birken-Erlensaum. Das N-Ufer ähnelt den Ufern des Ober-Kastaven-Sees. Am NW-Ufer dagegen ist wieder ein Schwingrasen mit *Drosera rotundifolia*, *Rhynchospora alba*, *Carex limosa*, *Calla palustris*, *Carex canescens*, *Vaccinium oxycoccus*, *Eriophorum angustifolium*, *E. vaginatum*, *Sphagnum rubellum* ausgebildet, an den sich ein *Juncus effusus*-Sumpf bzw. eine *Dryopteris spinulosa*-Zone mit *Salix* und *Polytrichum commune* anschließen. Die SW-Seite schließlich wird von einem Sphagno-Alnetum eingenommen.

2.6. Pilze und Moose des UG

Die Pilz-, aber auch die Moosflora der Uferzonen mesotropher Seen ist nur wenig erforscht. Auch wir konnten auf derartige Untersuchungen nicht den Schwerpunkt unserer Bemühungen legen, stellten aber einige bemerkenswerte Arten fest, die in der folgenden Liste enthalten sind:

Moose: *Campylium polygamum*, *C. stellatum*, *Dicranoweisia cirrata*, *Drepanocladus revolvens*, *Orthodicranum flagellare*, *O. montanum*, *Preissia commutata*, *Riccardia multifida*, *R. pinguis*.

Pilze: *Lactarius quietus*, *L. vietus*, *L. trivialis*, *L. camphoratus*, *L. obscuratus*, *Russula puellaris*, *R. solaris*, *R. fragilis*, *R. foetens*, *R. integra*, *R. aeruginea*, *Cortinarius violaceus* (an den Stellen, wo *Huperzia selago* wuchs und darüber hinaus nach Norden), *Stereum subtomentosum* (typisch für den Erlensaum), *Trametes confragosa* (an *Salix*), *T. hoehnelii* (an *Alnus*), *Piptoporus betulinus*, *Tyromyces ptychogaster* (an *Pinus*), *T. caesius* (an *Pinus*), *T. subcaesius* (an *Alnus*), *Otidea onotica*, *Glocophyllum trabeum* (an *Pinus*), *Thelephora terrestris*, *T. palmata*, *Myxacium delibutum*, *Laccaria tortilis*, *Dermocybe anthracina*, *Tyromyces chioneus* (an *Betula* und *Alnus*), *Inocybe geophylla*, *Laetiporus sulphureus* (an *Betula*), *Mycena belliae*, *Bovista paludosa*.

3. Schlußfolgerungen

Die Kastaven-Seen (außer dem Kl. Kastaven-See) gehören zu den kalkmesotrophen Seen vom „Chara tomentosa-hispida-Typ“. Besonders der Gr. Kastaven ist ein Mischtyp, der Beziehungen und Anklänge hinsichtlich seiner Vegetation an kalk-oligotrophe Seen zeigt.

Er weist eine Reihe von Characeen-Gesellschaften in optimaler Ausbildung auf, wie sie in Mecklenburg nicht mehr häufig sind. Durch Einleitung von Abwässern in den S-Teil des Ober-Kastaven-Sees ist dieser stark verändert und eutrophiert worden, und es ist zu befürchten, daß er sich nicht wieder erholt. Um dem Gr. Kastaven-See das gleiche Schicksal zu ersparen, ist es unbedingt erforderlich:

1. Jede weitere Einleitung von Abwässern, Fäkalien, Jauche, Gülle usw. zu unterbinden.
2. Den Urlauberstrom am Nordbecken des Gr. Kastaven-Sees nicht zu verstärken, da auch dieses Becken durch menschliche Einflüsse schon deutlich eutrophiert wurde.

Der Gr. Kastaven-See gehört zu den vom Aussterben bedrohten Seetypen und sollte daher streng geschützt werden, zumal er als Trinkwasserreservoir auch volkswirtschaftlich von Bedeutung werden kann.

Zusammenfassung

In der vorliegenden Arbeit wird die Vegetation der Kastaven-Seen beschrieben. Es konnten verschiedene Characeen-Gesellschaften in optimaler Ausbildung festgestellt werden. Der Gr. Kastaven-See gehört zum „Chara tomentosa-hispida-Typ" und ist ein kalkmesotropher Characeen-Mischtyp, der Tendenzen zum kalk-oligotrophen Seetyp zeigt.

Резюме

Описывается растительность озер Кастафен. Констатированы различные сообщества Characeae оптимального образования. Озеро Большой Кастафен относится к типу Chara tomentosa-hispida и является известково-мезотрофическим смешанным типом Characeae, имеющим тенденции к известково-олиготрофному типу.

Summary

The vegetation of the Kastaven-Seas near Potsdam

In the present work is described the vegetation of Kastaven-seas. It could state different Characeen-societies in optimal formation. The Gr. Kastaven-sea belongs to "Chara tomentosa-hispida-type" and he is a lime-mesotrophic Characeen-mix-type, which shows tendencies to the lime-oligotrophic sea-type.

Literatur

DOLL, R.: Der Drewitzer-See bei Alt-Schwerin (Kr. Waren). Bot. Rundbr. 7 (1977), S. 3—13

DOLL, R.: Drei bemerkenswerte Seen im südlichen Mecklenburg. Limologica (Berlin) 11, 2 (1978), S. 379 bis 408

DOLL, R.: Der Thurower See bei Neustrelitz. Natur u. Naturschutz Meckl. Im Druck!

DOLL, R.: Der Waschsee bei Feldberg. Natur u. Natursch. Meckl., 15, 81—89 (1979)

DOLL, R.: Die Vegetation des Neustädter Sees (Kr. Ludwigslust). Feddes Repert. 89, 7—8 (1978), S. 475 bis 492

DOLL, R.: Die Vegetation des Langhäger Sees (Kr. Neustrelitz). Gleditschia 7 (1979), S. 259—271

HURTIG, TH.: Physische Geographie von Mecklenburg. Berlin 1957

JESCHKE, L.: Pflanzengesellschaften einiger Seen bei Feldberg in Mecklenburg. Feddes Repert., Beih. 138 (1959), S. 161—214

JESCHKE, L.: Die Wasser- und Sumpfvegetation im NSG „Ostufer der Müritz". Limnologica (Berlin) 5 (1963), S. 475—545

KRAUSCH, H.-D.: Die Pflanzengesellschaften des Stechlinsee-Gebietes. I. Die Gesellschaften des offenen Wassers. Limologica (Berlin) 2 (1964), S. 146—201

OBERDORFER, E.: Süddeutsche Pflanzengesellschaften, Teil I. Jena 1977
PASSARGE, H.: Pflanzgengesellschaften des nordostdeutschen Flachlandes I. Jena 1964
PASSARGE, H.: Pflanzengesellschaften des nordostdeutschen Flachlandes II. Jena 1968
PODBIELKOWSKI, Z. und TOMASZEWICZ, H.: Lake flora of the Suwalski Scenic Park. Monographiae Botanicae LV (1977), S. 5—52

Eingegangen: 6. 12. 1978

Dr. sc. nat REINHARD DOLL
DDR 2020 Altentreptow
R.-Breitscheid-Str. 25

Chara contraria, C. delicatula, C. aspera

Myriophyllum alterniflorum — Ges.

Myriophyllum spicatum

Najas major ssp. intermedia

Charetum tomentosae typicum

Charetum tomentosae potamogetonetosum pectinati

Charetum tomentosae nitellopsietosum obtusae

Najadetum intermediae

Charetum hispidae

Charetum filiformis et Chara filiformis

Nitellopsidetum obtusae

Ceratophyllum-Myriophyllum spicatum-Ges.

Nymphaea alba

Potamogeton natans

Nuphar luteum

Nypmphaea alba minor

Potamogeton nitens

Potamogeton lucens

Phragmitetum communis

Typhetum angustifoliae

Scirpetum lacustrie

Cladietum marisci

Eleocharis palustris-Ges.

Eleocharis quinqueflora-Ges.

Juncus articulatus-Ges.

Juncus alpinus-Ges./Juncus alpinus-Ges., Centaurium umbellatum-Variante

Weiden-Arten

Calamagrostis canescens-Ges.

Isolepis setaceus-Ges.

Erlensaum

Erlenbruchwald

Huperzia-Erlenbruchwald

Lycopodium annotinum-Birkenbruchwald

Birkensaum

Polytrichum commune-Schwingrasen

Cortinarius violaceus

Gloephyllum trabeum

Bovista paludosa

Mycena belliae

Dermocybe anthracina

Tyromyces albellus

Ramischia sekunda

Gymnocarpium dryopteris

Melampyrum pratense var. purpurascens

KiF Kiefern-Forste

1-47 Lage der Aufnahmen

Arch. Naturschutz u. Landschaftsforsch., Berlin **21**, 1981, 2, S. 105—106

Akademie der Landwirtschaftswissenschaften der Deutschen Demokratischen Republik, Institut für Landschaftsforschung und Naturschutz Halle, Biologische Station Steckby

MAX DORNBUSCH

Zum Status des Graureihers (*Ardea cinerea* L., 1758) in der DDR

Die Bestandsentwicklung des Graureihers (*Ardea cinerea*) wird im wesentlichen von strengen Wintern, Nachstellungen einschließlich Jagd und Brutkoloniestörungen beeinflußt. Der Bestand schwankt seit 1960 um 2000 Brutpaare in 60 Brutkolonien mit einer durchschnittlichen Koloniestärke von 40 Brutpaaren bei Außerachtlassung sporadischer Brutvorkommen. Doch konzentrieren sich 75% der Brutpaare auf die Bezirke Rostock, Schwerin, Neubrandenburg und Potsdam. Nur noch 25% besiedeln die Bezirke Frankfurt, Cottbus, Magdeburg und Halle. Die sechs sächsischen und thüringischen Bezirke sind, mit Ausnahme weniger Brutpaare im Bezirk Suhl, frei von Graureiherbrutvorkommen (CREUTZ u. SCHLEGEL 1961, SCHWEDE 1976). Neben der gegenwärtig häufigsten Koloniegröße von 20—30 Brutpaaren sind einige Kolonien über 100 BP angewachsen, meist in Nahrungsräumen mit konstanter Landschaftsstruktur. Hier befinden sich auch traditionelle Koloniestandorte, die seit dem vorigen Jahrhundert bekannt sind (HAUFF 1977). Soweit diese Kolonien sich in Flußtälern, Altwassergebieten oder im Boddenbereich befinden, ist diese positive Entwicklung durchaus förderungswürdig. Dagegen sollten Anzahl und Größe von Brutkolonien im Einzugsbereich von fischwirtschaftlich intensiv genutzten Teichgebieten begrenzt sein. Die gegenwärtige Verteilung der Brutvorkommen entspricht weitgehend diesen Erfordernissen und hat sich wahrscheinlich historisch unter dem Einfluß des Jagddrucks so entwickelt. Gegenwärtig reichen jedoch die Umwelteinflüsse ohne Jagddruck für die Bestandsregulation aus. So ist die Art z. B. in der Schweiz seit 1925 ganzjährig geschützt und weist mit 600 Brutpaaren in 40 Kolonien einen langjährig im wesentlichen konstanten Bestand auf (BURCKHARDT u. STUDER-THIERSCH 1970). Strenge Winter können allerdings Verminderungen des mittleren Brutbestandes um 15—45% zur Folge haben, die dann erst wieder in einigen Jahren ausgeglichen sind (LACK 1966, BAUER u. GLUTZ 1966, REYNOLDS 1979). Ähnlich sind grobe oder anhaltende Störungen in Brutkolonien zu bewerten, auf die LIPPERT (1979) hinweist. Diese Störungen dienen jedoch, wenn sie nicht eine Vielzahl von Kolonien über mehrere Jahre gleichzeitig betreffen, lediglich der natürlichen Bestandsregulation und sind bei fehlendem Jagddruck sicher ohne große Bedeutung. Der gegenwärtige Jagddruck ist aber nicht bekannt, da eine Graureiher-Abschußstatistik nicht verfügbar ist. Er wird als minimal eingeschätzt. Es wird deshalb empfohlen, die Art ganzjährig zu schonen. Nur an Fischerei-Intensivgewässern ist in Verbindung mit nicht tötenden Vogelabwehrmaßnahmen (CREUTZ 1964, STAUDE 1966, BEHLERT 1977) auch eine Bejagung in zahlenmäßig begrenztem Umfang mit Abschußplan und -statistik in der Zeit vom 1. 7. bis 30. 11. vertretbar. In dieser Zeit sind jedoch besonders nahrungsreiche Fischteichgebiete auch „internationaler Treffpunkt" auf dem Zwischenzug befindlicher Reiher (CREUTZ 1976). Ab November überwintern dann vorwiegend schwedische Brutvögel in unserem Gebiet (HAUFF 1977, CREUTZ 1977). Deshalb ist die Bejagung dieses Koloniebrüters ohne volkswirtschaftliche Verwendung und ohne Wert als Jagdtrophäe mit Ausnahme der genannten Abwehrmaßnahme unbegründet. Außerdem liegt der Brutbestand mit 2000 Brutpaaren z. B. weit unter dem des Weißstorches (*Ciconia ciconia*) mit 2900 Brutpaaren (SCHILD-

MACHER 1975). Die Bejagung kann, besonders in den Bezirken mit geringen Brutvorkommen, erheblichen Einfluß auf eine unerwünschte Brutbestandsverminderung nehmen. Um die Brutkolonien gegen Störungen abzusichern wird empfohlen, sie von den Räten der Kreise als zur Brutzeit nicht zu betretende Flächennaturdenkmale (FND) auszuweisen. Die Verfügung einer Schutzzone als vom 16. 3.—15. 5. gesperrtes Waldgebiet wird wohl nur ausnahmsweise im Einzugsbereich eines im Frühjahr stark frequentierten Naherholungsraumes notwendig werden und dann örtlich zu lösen sein. Soweit bekannt, sind gegenwärtig in der DDR von 60 Brutkolonien 9 (15%) in NSG, 3 (5%) in FND geschützt und 48 (80%) ohne Schutzstatus. Diese Situation ist vollkommen unbefriedigend. Gerade auch unsere Koloniebrüter Graureiher, Kormoran (*Phalacrocorax carbo*), Saatkrähe (*Corvus frugilegus*), Uferschwalbe (*Riparia riparia*) sind im Rahmen der fortschreitenden Intensivierung der Landnutzung großen Gefahren ausgesetzt. Eine Festlegung des für Jagd und Naturschutz zuständigen zentralen staatlichen Organs für die Ausweisung von beständigen Graureiherkolonien, speziell im Einzugsbereich der Flußtäler, Altwassergebiete und Bodengewässer, als Flächennaturdenkmal (FND) wird empfohlen. Dabei ist zu prüfen, ob in Einzelfällen besonders schutzwürdige traditionelle Brutkolonien, wie z. B. bei Karnin im Bezirk Rostock, einen Naturschutzgebietsstatus rechtfertigen.

Literatur

BAUER, K. M.; GLUTZ VON BLOTZHEIM, U. N.: Handbuch der Vögel Mitteleuropas. Bd. 1. Frankfurt/M. 1966

BEHLERT, R.: Phonoakustische Methode zur Vergrämung von Graureihern (*Ardea cinerea*) in Fischzuchtanlagen. Z. Jagdwiss. 23 (1977), S. 144—152

BURCKHARDT, D.; STUDER-THIERSCH, A.: Über das Zugverhalten der schweizerischen Fischreiher *Ardea cinerea* aufgrund der Beringungsergebnisse. Orn. Beob. 67 (1970), S. 230—255

CREUTZ, G.; SCHLEGEL, R.: Das Brutvorkommen des Graureihers in der DDR. Falke 8 (1961), S. 377—386

CREUTZ, G.: Ernährungsweise, Nahrungsauswahl und Abwehr des Graureihers (*Ardea cinerea* L.). Zool. Abh. Mus. Tierk. Dresden 27 (1964), 3, S. 29—64

CREUTZ, G.: Die Oberlausitz als Ziel des Zwischenzuges beim Graureiher. Falke 23 (1976), S. 306—308

CREUTZ, G.: Der Zug des Graureihers (*Ardea c. cinerea* L.) in der Oberlausitz. Beitr. Vogelk. 23 (1977), S. 330 bis 346

HAUFF, P.: Graureiher. In: KLAFS, G. u. J. STÜBS, Die Vogelwelt Mecklenburgs. Jena 1977

LACK, D.: Population studies of birds. Oxford 1966

LIPPERT, W.: Bemerkungen zum Schutz von Graureihern (*Ardae cinerea*) in Kolonien. Arch. Naturschutz u. Landschaftsforsch. 19 (1979), 279—280

REYNOLDS, C. M.: The heronries census: 1972—1977 population changes and a review. Bird Study 26 (1979), S. 7—12

SCHILDMACHER, H.: Der Bestand des Weißstorches in der Deutschen Demokratischen Republik im Jahre 1974. Falke 22 (1975), S. 366—371

SCHWEDE, G.: Ergebnisse der Brutbestandserfassung des Graureihers für das Gebiet der DDR im Jahre 1973. Falke 23 (1976), S. 232—240

STAUDE, J.: Elektrozaun zur Abwehr vom Fischreiher, *Ardea cinerea*, an Fischteichen. Emberiza 1 (1966), 3, S. 93—94

Eingegangen: 15. 9. 1980

Dr. MAX DORNBUSCH
Institut f. Landschaftsf. u. Natursch. Halle
Biol. Station Steckby
DDR-3401 Steckby/Elbe

Arch. Naturschutz u. Landschaftsforsch., Berlin **21**, 1981, 2, S. 107—110

Buchbesprechungen

KREEB, K.: **Methoden der Pflanzenökologie.** 235 S., 69 Abb., 12 Tab., VEB Gustav Fischer Verlag Jena 1977

Pflanzenökologie wird — so vom Autor einführend bemerkt — als Ökophysiologie verstanden, wie sie von KREEB als Einführung 1974 im gleichen Verlag erschienen ist. Damit werden auch Auswahl und Begrenzung des Spektrums pflanzenökologischer Methoden verständlich. Bewußt werden viele feldökologische Methoden von einfachen pflanzensoziologischen Verfahren bis hin zu produktionsbiologischen oder populationsökologischen Techniken ausgeklammert — mit Recht? Ausführlicher werden ökophysiologische Methoden behandelt, die zur Erfassung der Reaktionen von Pflanzen auf den Temperatur-, Wasser- und Lichtfaktor dienen. Andere physikalische oder chemische Faktoren (mechanische Beanspruchung, Salz) werden nur gestreift. Neben Vitalitätsbestimmungen werden auch Indikationen für natürliche und anthropogene Umweltgrößen dargestellt. Die inhaltliche Ausfüllung der einzelnen Kapitel ist recht unterschiedlich. Die Zuordnung einiger Methoden ist sachlich zweifelhaft: die Bodenatmungsmessung (Atemglockenmethode) wird der Lichtreaktion zugeordnet, Konkurrenz — eine ökologische Wechselwirkung bei extensiven Umweltgrößen — der Bioindikation.
Bodenkundliche oder standortsklimatische Methoden, für die gute Anleitungen bestehen, wurden mit Recht nicht aufgenommen. Das hätte auch mit den mathematisch-statistischen Methoden geschehen sollen, zumal dieser Abschnitt sachliche Fehler und umständlich handhabbare Formeln (vgl. Regressionsanalyse) aufweist. „Methoden der Pflanzenökologie" ist eine Auswahl physikalisch orientierter ökophysiologischer Methoden. Verfahren, mit denen chemische Reaktionen auf physikalische oder chemische Umweltgrößen erfaßt werden können, fehlen weitgehend.
Von der Anlage her steht das Buch zwischen der genauen Beschreibung von Experiment und Methodik einerseits und einem kritischen Überblick heute gebräuchlicher Verfahren für Lehre und Forschung andererseits. Zweifellos bietet es eine Bereicherung der ökologischen Literatur, Intension und manche Details werden jedoch nicht ungeteilte Zustimmung finden. G. STÖCKER, Halle/S.

UHLMANN, D.: **Künstliche Ökosysteme.** Abhandlungen der Sächsischen Akademie der Wissenschaften zu Leipzig Mathem.-naturwiss. Kl. 54 (1980) H 3, 34 S., 17 Abb. u. 2 Tab., 5,50 M Akademie Verlag Berlin

Die jetzt im Druck vorliegende Arbeit wurde im Oktober 1977 auf einer Sitzung der Sächsischen Akademie der Wissenschaften vorgetragen.
Der Autor umschließt mit dem Begriff „Künstliches Ökosystem" „Synthetische Ökosysteme", die — beispielsweise im Laborexperiment — aus Bausteinen zusammengefügt werden und zur Erhaltung eines stationären Zustandes der Steuerung durch den Menschen bedürfen, sowie „anthropogene Ökosysteme", die zwar auch durch den Menschen entstanden, im Gegensatz zu den erstgenannten aber zur Selbstregulation befähigt sind.
Im ersten Kapitel wird die „Manipulation natürlicher Ökosysteme" als „erste Stufe in der Hierarchie technischer Eingriffe und Steuerungsmaßnahmen" beschrieben. Es folgt (2. Kapitel) eine Gliederung anthropogener Ökosysteme unter dem Aspekt der Intensität der Beeinflussung des Stoffumsatzes in a) Systeme, für die der Mensch nur das Areal zur Verfügung stellt, ohne den Stoffumsatz zu beeinflussen, b) Hochleistungssysteme, die einer intensiven Bewirtschaftung unterliegen und c) Puffer- oder Service-Systeme, die räumlich zwischen Hochleistungs- und natürliche Ökosysteme eingeschaltet werden müssen, um diese vor störendem Stoffeintrag zu schützen.
Im 3. Kapitel werden drei ökosystemsteuernde Variable in Gewässern: Gewässertiefe, Mittlere Verweilzeit des Wassers und Belastung mit organischen Substanzen oder Nährstoffen vorgestellt sowie Möglichkeiten einer Beherrschung der Stoffumsetzung durch technische Steuerung dieser Variablen aufgezeigt. Von theoretischem Interesse wie von großer praktischer Bedeutung ist die anschließend beschriebene künstliche Kompartimentierung von Gewässerökosystemen. Sie stellt eine mit technischen Mitteln erzielte Entflechtung der komplexen Ökosystemstrukturen dar und ermöglicht bzw. erleichtert die Steuerung der Umsetzungsprozesse.
Uhlmann legt mit diesem Bändchen nicht nur einen durch Informationsgehalt und Originalität ausgezeichneten Beitrag zur hochaktuellen ökologischen Problematik der Mensch-Ökosystem-Beziehungen vor. Die Arbeit besitzt einen besonderen Wert, weil der Autor als renommierter Naturwissenschaftler die Grenzen für eine anthropogene Ökosystemsteuerung, die dem Menschen als Bestandteil der Natur und durch unzu-

reichende Kenntnis ökologischer Zusammenhänge zur Zeit gesetzt sind, zum Ausgangspunkt seiner Untersuchung macht. Die Beantwortung daraus resultierender Fragen ist das Ziel der Arbeit.
Die Problematik der Entlastung der Umwelt zieht sich als roter Faden durch den gesamten Beitrag. Dieser schließt mit einer Warnung des Autors vor weiteren unkontrollierten Eingriffen in den Naturhaushalt und mit der Forderung „angemessene Lebensbedingungen für kommende Generationen durch politische und ökonomische Regelungen auf nationaler und internationaler Ebene und eine beschleunigte Entwicklung der für die Bewirtschaftung von artenreichen Ökosystemen erforderlichen naturwissenschaftlichen und ingenieurtechnischen Grundlagen" zu sichern.
Die vorgestellten „ökotechnischen" Verfahren sollten im Sinne des Autors Anregung zum Zusammenwirken von Ökologen und Technikern an allen Schwerpunkten der anthropogenen Umweltbelastung sein. Die Zusammenarbeit muß sich auch auf terrestrische Systeme ausdehnen, über die z. Z. keinerlei entsprechende Erfahrungen vorliegen.
Der Leserkreis, den diese Fragen beschäftigen oder beschäftigen sollten, ist so groß, daß es wohl einfacher wäre, diejenigen zu nennen, die das Bändchen ignorieren dürfen. Es sollte in einer große Auflage allen Interessenten zur Verfügung stehen.

W. Gluch, Halle

Verhandlungen 7. Jahresversammlung Kiel 1977. Gesellschaft für Ökologie. Göttingen 1978. Hrsg. G. Schaefer. 577 S.

Rahmenthema dieses Tagungsberichtes sind aquatische Ökosysteme einschließlich Feuchtbiotopen. Sieben Beiträge stammen aus dem Institut für Meereskunde der Universität Kiel und berichten über den jahreszeitlichen Phytoplankton-Massenwechsel (V. Smetacek) und das Benthos der Kieler Bucht (Struktur: W. Arntz, anoxische Bereiche: T. Reimers, ökologische in-situ-Analyse: W. Schramm, Laborexperimente: H. Theede). Besondere Würdigung findet die Tatsache, daß 100 Jahre zuvor der Kieler Zoologe Karl Möbius in seiner Schrift „Die Auster und die Austernwirtschaft" erstmalig den Begriff „Biozönose" verwendete (Beitrag H. Schwenke). Mitarbeiter des Max-Planck-Institutes für Limnologie Plön sind mit sechs Beiträgen zur Ökosystemanalyse des Pluß-Sees vertreten (u. a. Methodik der limnologischen Ökosystemforschung: J. Overbeck, Stoffhaushalt: D. Albrecht u. Mitarb., Populationsdynamik des Phytoplanktons: B. Hickel, Mathematische Modellierung: H. J. Krambeck u. Mitarb.).
Von grundsätzlichen Interesse, auch für den Nicht-Hydrobiologen, ist die Populationsdynamik plaktischer Rotatorien, die im Beitrag von U. Halbach am Beispiel von *Brachionus calyciflorus* dargestellt wird. Wegen der schnellen Generationsfolge und der Form der Überlebenskurve liegt hier ein äußerst günstiges Objekt vor, von dem deterministische und stochastische Populationsmodelle vorgestellt werden. Eine künstliche Änderung der Wassertemperatur kann auch dazu führen, daß Insekten, z. B. *Chironomus thummi*, zur „falschen" Zeit schlüpfen (A. Kureck). Mit gestörten bzw. belasteten limnischen Ökosystemen befassen sich insgesamt 13, mit Feuchtbiotopen 19 Beiträge. Die „Didaktik der Ökologie" ist ein weiteres Hauptthema des Tagungsberichtes. Rodi u. Mitarb. stellen ein Praktikum zum Thema „Kläranlagen" im Rahmen der Lehrerbildung vor, bei dem die interdisziplinäre Kooperation der Fächer Geographie, Biologie, Chemie und Physik geübt wird. Vier Beiträge sind der Humanökologie gewidmet. Gegenstand der Überlagerung von Ökosystemen und gesellschaftlichen Systemen sind vor allem Versorgung, Entsorgung und Erholung (U. Kattmann). Wie weit der Rahmen des vorliegenden Tagungsberichtes gespannt ist, zeigt u. a. der Beitrag von E. Baumann, der als spezifisches Mittel zur Förderung ökologischen Denkens die „transzendentale Meditation" empfiehlt, sich dabei auf indische Quellen bezieht und die Vorgehensweise anhand von Elektroenzephalogrammen illustriert. Dadurch soll ermöglicht werden, daß „der Meditierende nicht mehr als scheinbar über oder außerhalb seiner Umwelt stehend agiert, sondern von innen heraus in Übereinstimmung mit den Gesetzen der Natur und des ihn umgehenden Ökosystems denkt und handelt"(!).
Der vorliegende Tagungsbericht enthält insgesamt 87 Beiträge. Er erscheint — erstmalig — nicht bei Junk Den Haag, sondern im Selbstverlag der Gesellschaft für Ökologie. Der Typoskriptsatz, durch den Papier gespart werden soll, ist größtenteils noch gut lesbar. Ein Autoren- sowie ein fünfseitiges Sachregister erleichtern die Nutzung der gebotenen Vielfalt.

D. Uhlmann, Dresden

Gusew, O. K.: **Wokrug Baikala.** Isdatelstwo „Sowjetskaja Rossija", Moskwa 1979. (Rings um den Baikal. Verl. „Sowjetrußland, 1979). 240 S., 222 Abb. davon 210 Farb- und 12 Schwarz-Weiß-Fotos. Preis 9 Rubel, 40 Kop.; DDR-Preis 62,25 M

Der populärwissenschaftlich gestaltete Bildband wird von einem kurzen Text in russischer Sprache eingeleitet, den einige repräsentative Farbfotos untergliedern und ergänzen. Ihm folgen 8 Kapitel — der eigentliche Bildteil- deren instruktives Bildmaterial mit russischen und englischen Erläuterungen versehen ist. Abgeschlossen wird die Bildfolge von einem zusammenfassenden englischen Textteil.
Die Farbfotos sind im allgemeinen von guter bis sehr guter Qualität. Die Farbwiedergabe großer zusammenhängender Wasser- bzw. Taigaflächen weist vereinzelt motivbedingte Mängel auf.
Der Bildband, der als Ergebnis mehrerer Reisen in hintereinanderliegenden Jahren entstanden ist, leistet einen interessanten und aktuellen Beitrag zum Kennenlernen und Verständnis der großen Lebensgemeinschaft Baikal. Aus dem Text geht hervor, daß in dem gewaltigen See 1340 Tier- und 556 Pflanzenarten leben. Mehr als die Hälfte der hier beheimateten Tier- und 35% der Pflanzenarten sind Endemiten. Selbst auf dem Grund des Gewässers gibt es je ha noch bis zu 170 Tierarten.
Obwohl Tausende km vom Meer entfernt, ist hier die Baikalrobbe verbreitet. Noch vor 10 bis 15 Jahren siedelte sie vor allem im mittleren und nördlichen Bereich des Sees. Inzwischen sind die Tiere, von denen es z. Zt. etwa 70000 gibt, auch in den südlichen Teil vorgedrungen. Als wichtigste vorkommende Vogelarten werden See- und Fischadler, Schwarzer Milan, Schellente, Gänse- und Mittelsäger, Flußuferläufer, Flußregenpfeifer, Bach- und Gebirgsstelze genannt.
An den Westhängen des Bargusiner Rückens, am Ostufer des Sees, erstreckt sich das Bargusiner Naturschutzgebiet, das im Jahr 1976 auf 60 Jahre seines Bestehens zurückblicken konnte. Hier wird der am besten erhaltene Teil der reichen, ursprünglichen Baikalnatur geschützt. Neben Bär und Moschustier ist vor allem der grau-weiß glänzende Zobel verbreitet, dessen Lebensweise seit vielen Jahren gründlich erforscht wird. Noch vor einigen Jahrzehnten war das wichtigste der geschützten Pelztiere so gefährdet, daß man um seinen Fortbestand als Art bangen mußte. Heute werden jährlich 200000 Zobelbälge von unvergleichlicher Schönheit von Jägern „geerntet".
Die stärkste heiße Quelle, die bis zu 4000 m^3 Wasser täglich abgibt, sprudelt bei Chakusy aus dem Untergrund. Das hier vorhandene Sanatorium erschließt die Heilwirksamkeit des +46 °C heißen Sulfatnatriumwassers.
Mehrere Fischereischwerpunkte, die sich sowohl mit der Aufzucht als auch mit der Organisation des Fischfangs beschäftigen, sind über den See verteilt. In der Bolschaja Petschka, die in den Posolski Sor fließt, wird z. B. die Baikalrenke kultiviert. Das wichtiste Fischereigebiet des Sees liegt in der Tschiwyrkui-Bucht. Das gewaltige Delta der oberen Angara gehört zu den fischreichsten Teilen des Sees. Als Kultur- und Verwaltungszentrum des Nordbaikalgebietes, der Burjatischen ASSR, ist Nishne-Angarsk zu nennen.
Als „Mekka" des Tourismus wird die wunderschön gelegene Sandbucht vorgestellt. Gorjatschinsk, der älteste Kurort Ostsibiriens, liegt am Ostufer des Sees. Im Jahre 1899 wurde mit dem Bau der Baikalbahn begonnen, schon 1904 befuhren die ersten Züge das Südufer des großen Gewässers.
Zahlreiche stimmungsvolle Bilddokumente informieren nicht nur, sondern sprechen auch Gemüt und Schönheitsempfinden des Lesers an. Im Gegenlicht schimmernde Buchten, bizarr geformte, weit in den See hineinreichende Halbinseln mit steil ins Wasser stürzenden Felswänden oder die im ersten Morgenlicht in ihrem gelben Herbstkleid leuchtenden daurischen Lärchen vor der imposanten Kulisse hochaufragender, schneebedeckter Gebirgsmassive stehen neben Bildern der hell erstrahlenden Gebäude des Limnologischen Instituts des sibirischen Zweiges der Akademie der Wissenschaften der UdSSR. Immer wieder beeindruckt das strahlende Blau des durchsichtigen Seewassers. Das Nebeneinander des dunklen, satten Grüns der Nadelbäume und den im bunten Herbstlaub prangenden Laubgehölzen der bis an die Seeufer reichenden Taiga ist von besonderem Rèiz. Ausgedehnte Schilfwälder in den Mündungsgebieten der großen Flüsse wie Selenga, Angara u. a. stehen mit dem tiefen Blau des Sees in eigener farblicher Wechselwirkung. Wie schimmernde Bänder durchziehen kristallklare Flüsse die dunklen Taigawälder. Imposante Ausblicke auf verschiedenartig gefärbte oder bizarr geformte Uferfelsen und Höhlen geben über dicht bevölkerte Vogelinseln immer wieder den Blick auf den See frei. Nicht nur der ruhig schimmernde See, auch der aufgewühlte, von der „Sarma" gepeitschte, mit schaumgekrönten Wellenkämmen, wird vorgestellt.
Bilder der Touristenzentren, ein Blick auf Nishne-Angarsk, dem Zentrum der Autonomen Burjatischen SSR und Fotos der das südlich Ufer umrundenden Eisenbahnstrecke mit ihren vielen Tunnels vervollständigen den Gesamteindruck.
Sowohl vom Inhalt als auch von der Gestaltung her spricht der Bildband einen breiten Leserkreis an. Die Erläuterung landschaftlicher Schönheiten, die Betonung des Schutzes und der Erhaltung der Natur sowie die Vorstellung touristischer Sehenswürdigkeiten stehen im Vordergrund. Der hohe Informationswert des Textes wird durch die Bilder sinnvoll ergänzt. Gemeinsam erschließen sie eindrucksvoll Größe und Schönheit des Baikals. Obwohl es z. Zt. mehr als 2000 wissenschaftliche Arbeiten über diese biogeographische Einheit gibt, wird immer wieder darauf hingewiesen, wie unvollständig das bisher erlangte Wissen ist. Vergeblich sucht man nach einer Abbildung der Baikalrobbe. Ebenso vermißt man beispielsweise Fotos des Moschus-

tiers, des Maralhirsches oder des Auerwildes. Trotz des Fehlens mancher erwarteter Abbildungen sind Ausstattung und Gestaltung des Bildbandes bemerkenswert. Der Versuch, einen hohen Informationswert zu gewährleisten und gleichzeitig ästetische Ansprüche zu befriedrigen, muß als gelungen betrachtet werden. Der Bildband kann sowohl dem interessierten Laien als auch den verschiedenen Fachvertretern wie Biologen, Ökologen, Limnologen, Geographen, Forstwirten, Ornithologen, Jägern und Fischern empfohlen werden.

W. SCHAUER, Halle/S.

Verbesserung der Eiweißversorgung der landwirtschaftlichen Nutztiere VIII

(Bericht über die 8. Arbeitstagung zur Thematik „Steigerung der Effektivität der Proteinverwertung bei Schweinen und Geflügel sowie Weiterentwicklung von Methoden zur Untersuchung des Proteinstoffwechsels" im Rahmen des Koordinierungszentrums „Bearbeitung grundsätzlicher biologischer Probleme der industriemäßigen Tierproduktion" des RGW vom 27. November bis 1. Dezember 1978 in Rostock (DDR))

Tagungsbericht Nr. 176, Akademie der Landwirtschaftswissenschaften der DDR, 1980

Ein besonderer Schwerpunkt der Tierernährung liegt in der optimalen Versorgung der landwirtschaftlichen Nutztiere, insbesondere der Monogastriden, mit Protein, da die Proteinversorgung den limitierenden Faktor in der Tierernährung darstellt. Dabei gilt es einerseits, den Bedarf der landwirtschaftlichen Nutztiere an Protein und an einzelnen Aminosäuren zu ermitteln, und andererseits, eine optimale Bedarfsdeckung durch das zur Verfügung stehende Futter zu sichern.
Mit diesem Band liegt die 8. Folge der Berichte über die internationale Zusammenarbeit auf diesem Gebiet vor. Die Beiträge enthalten Ergebnisse der koordinierten Forschung auf den Gebieten
— Aminosäurenverwertung für die Proteinbiosynthese und
— Regulation der Futteraufnahme beim Schwein für industriemäßige Produktionsbedingungen sowie Untersuchungen über Gesetzmäßigkeiten der Ontogenese des Verdauungssystems

und stellen ein wichtiges Informationsmittel für Forschung und Praxis dar.

Dieser Band erschien im Juni 1980.

Bestellungen sind unter der Bestellnummer 808 2674 beim Buchhandel möglich.

Neue Ergebnisse aus der herbologischen Forschung unter Berücksichtigung ökologischer und technologischer Aspekte der Herbizidanwendung

(Vorträge eines RGW-Symposiums, veranstaltet vom Institut für Pflanzenschutzforschung Kleinmachnow der Akademie der Landwirtschaftswissenschaften der DDR vom 19. bis 20. Juni 1980 in Leipzig)

Tagungsbericht Nr. 182, Akademie der Landwirtschaftswissenschaften der DDR, 1980

Die Erarbeitung von Bekämpfungsverfahren gegen Unkräuter, einschließlich Bestandesüberwachung, ist ein wichtiges Gebiet der Agrarforschung zur Sicherung hoher und stabiler Erträge. Neben bodenfruchtbarkeitsfördernden Maßnahmen kommt dabei der Ausschaltung unkrautbedingter Störungen beim Einsatz der Technik und ökologischen Erfordernissen sowie solchen des Umweltschutzes große Bedeutung zu. Der Tagungsbericht macht die herbologischen Forschungsergebnisse aus den Ländern des RGW allen Interessenten verfügbar.
Im einzelnen werden nach einem Überblick über Stand und Probleme der Unkrautbekämpfung in der DDR behandelt: die Unkrautbekämpfung im Getreide, in Zuckerrüben, in Kartoffeln, in Gemüse einschließlich Sonderkulturen, ferner technologische Aspekte der Unkrautbekämpfung, der Biotransformation von Herbiziden sowie ökologische Probleme bei der Herbizidanwendung.

Dieser Band ist im Juni 1980 erschienen.

Zeitschrift „Archiv für Naturschutz und Landschaftsforschung"

Herausgeber: Akademie der Landwirtschaftswissenschaften der Deutschen Demokratischen Republik, DDR-1080 Berlin, Krausenstraße 38/39.

Verlag: Akademie-Verlag, DDR-1080 Berlin, Leipziger Straße 3–4; Fernruf: 2236221 und 2236229; Telex-Nr.: 114420; Bank: Staatsbank der DDR, Berlin, Kto.-Nr.: 6836-26-20712.

Veröffentlicht unter Lizenznummer 1316 des Presseamtes beim Vorsitzenden des Ministerrates der Deutschen Demokratischen Republik.

Gesamtherstellung: VEB Druckerei „Thomas Müntzer", DDR-5820 Bad Langensalza.

Erscheinungsweise: Die Zeitschrift „Archiv für Naturschutz und Landschaftsforschung" erscheint jährlich in einem Band mit 4 Heften. Das letzte Heft eines Bandes enthält Inhalts-, Autoren- und Sachverzeichnis. Bezugspreis eines Bandes 80,– M zuzüglich Versandspesen (Preis für die DDR 20,– M), Preis je Heft 20,– M (Preis für die DDR 5,– M).

Bestellnummer dieses Heftes 1066/21/2. P9/1/81

AN (EDV) 51781

Hinweise und Richtlinien für den Autor

Das „Archiv für Naturschutz und Landschaftsforschung" publiziert Abhandlungen über Methoden und Ergebnisse naturwissenschaftlicher Landschaftsforschung unter besonderer Berücksichtigung landeskultureller Probleme und der Erforschung und Entwicklung von Naturschutzgebieten und geschützter Einzelobjekte. Daneben werden kurzgefaßte Berichte und Mitteilungen sowie Buchbesprechungen zum o. g. Themenkreis aufgenommen. Bei allen Beiträgen wird Wert gelegt auf überregionale Bedeutung der behandelten Problematik.

Auf gedrängte Darstellungsform ist zu achten. Eine Darstellung der Ergebnisse in mehreren Mitteilungen läßt sich nur ausnahmsweise befürworten. Übersichtsbeiträge müssen eine straffe Verarbeitung des Stoffes erkennen lassen und von aktueller Bedeutung sein.

1. Inhaltliche Gestaltung der Manuskripte

Zur besseren Übersichtlichkeit der Beiträge wird folgender Aufbau empfohlen:

Die Einleitung ist so kurz wie möglich zu halten und hat sich nur auf die Problematik der Arbeit zu beschränken. Nur die neueste und wichtigste Literatur ist heranzuziehen.

Über Material und Methoden ist eine kurze Übersicht, evtl. in Tabellenform, angebracht, sofern es sich nicht um neu entwickelte oder modifizierte Methoden handelt. Von einer Beschreibung bereits bekannter Verfahren ist unbedingt abzusehen. Die Darstellung dieses Abschnittes muß trotz aller Kürze dem Leser die genaue Beurteilung der Ergebnisse ermöglichen.

Nach Möglichkeit sind die wichtigsten Ergebnisse in Form von übersichtlichen Tabellen oder graphischen Darstellungen mitzuteilen. Eine doppelte Darstellung ist zu vermeiden. Der Text in diesem Abschnitt hat sich nur auf das zum Verständnis der angeführten Ergebnisse sowie der daraus herzuleitenden Zusammenhänge Notwendige zu beziehen.

Die Diskussion der Ergebnisse muß auf der neuesten einschlägigen Literatur beruhen und zu klaren Schlußfolgerungen führen. Hinweise auf die weitere Entwicklung der Arbeit sowie Schlußfolgerungen für Forschung und Praxis erhöhen den Informationswert des Beitrages.

Die Zusammenfassung hat sich auf die Wiedergabe der wichtigsten Ergebnisse mit den daraus gezogenen Schlußfolgerungen zu beschränken und ist so zu formulieren, daß sie als Referat in Dokumentationsorgane übernommen werden kann.

2. Technische Gestaltung der Manuskripte und Veröffentlichungsbedingungen

Die Manuskripte sind möglichst zweifach an die Schriftleitung (Institut für Landschaftsforschung und Naturschutz Halle der AdL 4020 Halle/S., Neuwerk 4) zu senden.

Die Schriftleitung nimmt nur Manuskripte an, deren Gesamtumfang 25 Schreibmaschinenseiten, einschl. Tabellen, Abbildungen und Literaturverzeichnis, nicht überschreitet (Manuskriptgestaltung nach TGL 6710/01).

Die Arbeit darf noch nicht, auch nicht in anderer Form, im In- oder Ausland veröffentlicht worden sein.

Der Kopf des Manuskriptes enthält in der genannten Reihenfolge:

Entstehungsort (Institution)
Vor- und Zunamen des Autors (der Autoren)
Titel der Arbeit.

Für die Gliederung des Textes gilt TGL 0-1421.

Die Zusammenfassung (nicht länger als 20 Zeilen) ist in deutscher und englischer und möglichst auch in russischer Sprache zur Verfügung zu stellen.

Das Literaturverzeichnis ist unter der Überschrift „Literatur" alphabetisch zu ordnen. Für die Zitierweise gelten TGL 20 972 und TGL 20 969.

Die Abbildungen sollen reproduktionsfähig sein, d. h. Photos sind möglichst als Hochglanzabzüge zu liefern und zeichnerische Darstellungen mit schwarzer Tusche auf weißem Grund auszuführen (s. TGL 24 470). Alle Abbildungen sind fortlaufend zu numerieren. Die Abbildungsunterschriften sind als gesondertes Verzeichnis beizufügen.

Die Tabellen sind mit Überschriften zu versehen und gesondert fortlaufend zu numerieren.

Im Text des Manuskriptes ist zu vermerken, wo die Abbildungen und Tabellen einzuordnen sind.

Formelzeichen sind nach TGL 0-1304, mathematische Zeichen nach TGL 0-1302 zu verwenden. Bei Maßen sind die gesetzlich vorgeschriebenen physikalisch-technischen Einheiten zu benutzen (Gesetzblatt der DDR, Sonderdruck Nr. 289, 15. Dez. 1958).

Am Schluß des Beitrages ist die Dienstanschrift des Verfassers anzugeben.

Die Autoren erhalten Umbruchabzüge zur Korrektur (Korrekturzeichen nach TGL 0-16511) mit befristeter Terminstellung. Bei Nichteinhaltung der Termine erteilt die Redaktion Imprimatur.

Von jeder Arbeit werden unentgeltlich 100 Sonderdrucke geliefert. Das Honorar beträgt 40, M je Druckbogen einschließlich Abbildungen.

Alle TGL sind zu beziehen durch das Buchhaus Leipzig, Abteilung Standards, 7010 Leipzig, Postfach 140.